ABRÉGÉ
D'HISTOIRE NATURELLE,

CONTENANT LA DESCRIPTION

DES PRINCIPAUX

QUADRUPÈDES, OISEAUX, POISSONS, SERPENTS,
REPTILES ET INSECTES ;

TRADUIT DE L'ANGLAIS DE **MARY TRUMER**,

PAR M. GERSON HESSE.

TOME II.

A TOUL,

CHEZ J. CAREZ, IMPRIMEUR-LIBRAIRE.

1828.

ABRÉGÉ

D'HISTOIRE NATURELLE.

—

TOME SECOND.

TOUR
DE L'IMPRIMERIE DE
T. CAREZ.

ABRÉGÉ
D'HISTOIRE NATURELLE,

CONTENANT LA DESCRIPTION

DES PRINCIPAUX

QUADRUPÈDES, OISEAUX, POISSONS, SERPENTS, REPTILES ET INSECTES;

TRADUIT DE L'ANGLAIS DE MARY TRUMER,

PAR M. GERSON HESSE.

—

TOME II.

A TOUL,

CHEZ J. CAREZ, IMPRIMEUR-LIBRAIRE,

ET A PARIS, RUE HAUTE-FEUILLE, N° 12.

1828.

ABRÉGÉ
D'HISTOIRE NATURELLE

DES PRINCIPAUX

QUADRUPÈDES, OISEAUX, POISSONS, SERPENTS, REPTILES ET INSECTES.

LES PICS.

Le pic vert est presque aussi grand que le geai. La gorge, la poitrine et le ventre sont d'un vert pâle; le dos, le cou, les couvertures des ailes sont verts ; le bec est robuste, polièdre, droit, et dans quelques uns de l'espèce il est terminé en forme de coin, et propre à percer les arbres: sa langue fait son caractère distinctif: lombriciforme, capable de se lancer en avant hors du bec, elle est munie d'épines recourbées en

arrière, et terminées en pointe très aigue et
cornue.

Il ne se nourrit que de vers et d'insectes; il
recherche surtout les fourmis: il les perce dans
leur trou avec sa langue effilée; quelquefois il
les attend au passage, se servant de sa queue
garnie de soies rudes, comme d'un point d'appui;
il couche sa longue langue dans le sentier étroit
que les fourmis ont coutume de tracer et de
suivre à la file, et lorsqu'il sent sa langue couverte de ces insectes, il la retire pour les avaler.
Quelquefois l'oiseau cherche fortune sur terre:
il est rare que ses hardies expéditions ne soient
pas couronnées d'un plein succès.

Le pic choisit ordinairement pour sa demeure
des arbres vermoulus, ou des arbres de bois
tendre: il y perce, sans se fatiguer beaucoup,
un creux d'une rondeur si exacte, qu'on le dirait
fait au compas: la femelle y dépose ses œufs,
qu'elle ne réchauffe que de son propre corps.

Les jeunes, avant de quitter leur nid, sont
couverts d'un plumage écarlate sous la gorge;
ce qui relève singulièrement leur beauté.

Il y a un grand nombre d'espèces différentes
de pics dans l'ancien et le nouveau continent.
Nous citerons parmi les premières:

Le pic noir, qui appartient à la Suisse, à l'Allemagne et à tout le nord. Il a le plumage noir,
à l'exception de la tête, qui est d'un beau cramoisi. Parmi ceux de l'Amérique, nous remar-
querons le pic à bec blanc, que les colons espa-

gnols connaissent sous le nom de carpentero ; et
le pic à domino rouge de l'Amérique méridionale, qui caus de tels ravages dans les champs
de maïs, qu'anciennement on avait mis sa tête
à prix.

LE PIGEON BISET.

Ce pigeon est la souche de toutes les nombreuses et belles variétés de l'espèce. Sa couleur en
général est d'un bleu cendré ; la poitrine est
mêlée de vert et de pourpre ; les ailes sont bar-
rées de deux lignes noires ; le dos est blanc, et
la queue se termine par des raies noires.

Telles sont les couleurs du pigeon dans son
état naturel ; mais la domesticité les a variées à
l'infini.

Le biset se tient ordinairement dans les cavités
des rochers, ou dans le cr ux des arbres. Son
roucoulement est fort agréable au lever et à la
chute du jour.

Le ramier (pigeon cerclé) est beaucoup plus grand, et tire son nom de son élégant collier blanc. C'est le pigeon le plus grand de notre île. Il a près de dix-huit pouces de long, et pèse environ vingt onces. Cet oiseau fait son nid sur les branches des arbres. On a fait jusqu'ici d'inutiles essais pour le réduire à l'état de domesticité : il ne veut pas sacrifier sa précieuse indépendance.

Le pigeon messager se distingue de tous les autres, par la large bande nue qui entoure ses yeux, et par le noir foncé de son plumage.

Ces oiseaux sont si attachés à leur sol natal, que dans plusieurs pays on s'est servi d'eux pour porter des lettres au loin. Ces courriers agiles ont souvent rendu de grands services dans les moments de guerre, quand toute autre communication était interceptée par l'ennemi. Ils parcourent une espace de près de quarante lieues en moins de deux heures et demie. Un pigeon messager apporta des nouvelles de Babylone à Alep en quarante-huit heures : un homme ne ferait guère ce voyage en moins de trente jours.

Le pigeon passager, autre variété, est à-peu-près de la taille du pigeon ordinaire. La tête, la gorge, et le dessus du corps sont d'une couleur cendrée ; les côtés de son cou sont d'un pourpre changeant ; une marque cramoisie environne les yeux. Ces oiseaux visitent les différentes parties de l'Amérique septentrionale par troupes immenses. Il n'est pas rare de voir ces troupes s'élever jusqu'à huit mille individus.

LA TOURTERELLE.

La tourterelle est plus petite que le pigeon, dont elle se distingue d'ailleurs par l'iris jaune de ses yeux, et par le cercle cramoisi de ses paupières. La couleur générale de cet oiseau est d'un gris bleuâtre ; la poitrine et le cou sont d'une sorte de pourpre blanchâtre ; et sur les côtés du cou se trouve un petit tour de belles plumes blanches bordées de noir.

Le cri de cet oiseau est tendre et plaintif ; le mâle en abordant sa compagne la salue à différentes reprises du mouvement de ses ailes, et pousse en même temps les sons les plus doux et les plus touchants. La fidélité de ces oiseaux a fourni aux poëtes et aux romanciers une source d'images séduisantes. L'on assure que si un couple se trouve enfermé dans une cage, et que le mâle vienne à mourir, il est rare que la femelle lui survive ; cependant, au rapport de plusieurs naturalistes, observateurs judicieux et profonds, la constance de la tourterelle n'est pas absolument exemplaire, et la fidélité inviolable qu'on lui prête n'est pas tout-à-fait sans tache.

Ces oiseaux arrivent en nombre avec le printemps, et nous quittent vers le mois d'août. Ils se tiennent dans les taillis les plus épais et les plus solitaires des bois; ils nichent sur les arbres les plus élevés. La femelle pond deux œufs; dans nos pays elle ne fait pas plus d'une ponte, mais dans les climats plus chauds on croit qu'elle en fait plusieurs.

LE CHARDONNERET.

Cet oiseau est trop bien connu pour qu'il soit nécessaire d'en donner la description. Qui n'a pas admiré la mélodie de son chant, la beauté de son plumage, et la douceur de son naturel. Il se familiarise bientôt avec sa captivité, et reçoit avec une rare docilité les leçons de son maître. On a remarqué qu'il trouvait un singulier plaisir à voir réfléchir son image dans un miroir. La femelle fait son nid sur des arbres fruitiers; elle pond cinq œufs blancs avec des taches d'un brun rougeâtre. Le nid est fait avec beaucoup de soin; le dehors est revêtu de mousse et d'autres matériaux; l'intérieur est garni de laine et de plumes.

LE TROGLODYTE. (*)

Ce petit musicien appartient à plusieurs parties de l'Europe. Il pèse à peine le quart d'une once; il n'a pas quatre pouces de longueur depuis le bec jusqu'à l'extrémité de la queue: d'un si faible corps sort une voix forte et sonore. La chute de la neige n'interrompt pas ses concerts. La captivité n'ôte rien à la grâce et à l'étendue de sa voix. On l'entend au loin, vers le soir, mais non pas bien avant dans la nuit. Il se tient ordinairement dans le voisinage des métairies. La femelle pond de dix à dix-huit œufs, très petits, blancs et tachetés de points rouges.

(*) On le nomme improprement le roitelet.

Le troglodyte fait son nid d'une manière toute particulière : il ne commence pas, comme les autres oiseaux, à s'occuper du fond ; il construit d'abord la toiture , puis fait successivement les autres parties ; l'extérieur est composé de mousse, et l'intérieur est proprement garni de plumes.

LE ROITELET.

Le roitelet est le plus petit de nos oiseaux : son plumage est de la plus grande beauté ; son cri aigu et perçant ressemble en quelque sorte à celui de la sauterelle.

Ces oiseaux ont beaucoup d'activité et d'agilité : ils sont presque toujours en mouvement, voltigent sans cesse de branche en branche, grimpent sur les arbres, de tous côtés, furettent dans toutes les gerçures de l'écorce, quelquefois s'y tiennent suspendus les pieds en haut comme la mésange ; ils se nourrissent d'insectes , de petits vers et de différentes petites graines. La femelle pond entre dix à dix-huit œufs qui ne sont guères plus gros qu'un pois : son nid de feuillage est posé sur les branches de sapin ; le souffle du vent le balance de tous côtés.

Le roitelet se distingue d'abord par sa belle couronne aurore, bordée de noir de chaque côté ; une raie blanche passe au-dessus des yeux, entre les bordures noires de la couronne, et un autre trait noir sur lequel est posé l'œil ; le dessus du

corps, compris les petites couvertures des ailes,
est d'un jaune olivâtre; tout le dessous du bec,
depuis la base, est d'un roux clair, tirant à l'olivâtre sur les flancs; les pennes des ailes brunes,
sont bordées extérieurement de jaune olivâtre;
les couvertures moyennes et les grandes les plus
voisines du corps, sont pareillement brunes,
bordées de jaune olivâtre, et terminées de blanc
sale, d'où résultent deux taches de cette dernière couleur sur chaque aile; les pennes de la
queue, d'un gris brun, sont bordées d'olivâtre;
l'iris est couleur de noisette, et les pieds sont
jaunâtres. La femelle a la couronne d'un jaune
pâle, et toutes les couleurs du plumage plus faibles que le mâle. Cette distinction se fait remarquer dans la plupart des oiseaux.

Dans les pays les plus septentrionaux de l'Europe, il y a une variété de cet oiseau dont le
chant a presque toute la douceur de celui du
rossignol.

LE ROUGE-GORGE.

Il y a des oiseaux dont le chant nous cause plus ou moins d'admiration; mais on aime le rouge-gorge. Sa douce confiance dans l'homme, sa constance, son attachement, font presque oublier qu'il est un des chanteurs les plus aimables de nos bois: dans l'amitié qu'on lui accorde, on songe moins à ses talents qu'à ses aimables qualités.

Buffon, qui peint tout ce qu'il décrit, parle ainsi des mœurs de cet oiseau pendant l'hiver: « Dans cette rude saison, dit-il, on le voit s'ap-
» procher des habitations, et chercher les expo-
» sitions les plus chaudes; s'il en est quelqu'un
» qui soit resté au bois, il y devient compagnon
» du bûcheron, il s'approche pour se chauffer à
» son feu, il béquète dans son pain, et voltige
» toute la journée à l'entour de lui, en faisant
» entendre son petit cri; mais lorsque le froid
» augmente, et qu'une neige épaisse couvre la
» terre, il vient jusques dans nos maisons, frap-

» per du bec aux vitres comme pour demander
» un asile qu'on lui accorde volontiers, et qu'il
» paye par la plus aimable familiarité, venant
» ramasser les miettes de la table, paraissant
» reconnaître et affectionner les personnes de la
» maison, et prenant un ramage moins éclatant,
» mais aussi plus délicat que celui du printemps,
» et qu'il soutient pendant tous les frimats,
» comme pour saluer chaque jour la bienfaisance
» de ses hôtes et la douceur de sa retraite. »

Le rouge-gorge a le bec mince et délicat, les
yeux grands, expressifs, le regard doux; la tête
et le dessus du corps sont d'un brun nuancé
d'olive verdâtre; le cou et la poitrine sont d'un
roux orangé; le corps est blanchâtre; les cuisses
et les pieds sont d'un noir foncé. Il a près de six
pouces de long, depuis le bec jusqu'à l'extrémité
de la queue.

Cet oiseau, dans nos climats, occupe le premier rang par la douceur de son chant; les notes
des autres oiseaux sont, il est vrai, plus sonores
et les inflexions plus variées ; mais la voix du
rouge-gorge est douce, tendre, bien soutenue; et
ce qui doit lui donner à nos yeux le plus grand
prix, c'est que nous en jouissons pendant la plus
grande partie de l'hiver.

Au printemps, le rouge-gorge se tient dans les
bois, les jardins, et niche dans les buissons les
plus épais et les plus à l'ombre, à peu d'élévation de la terre. Nous avons déjà parlé de sa vie
d'hiver; nous ajouterons que parfois il rôde au-

tour des serres où la chaleur artificielle combat
les rigueurs de la saison, et où il trouve ordinairement en abondance de petits insectes, attirés comme lui par l'appât de la chaleur.

La femelle pond cinq à sept œufs d'un brun
épais mélangé de lignes rouges. Il se nourrit
principalement de vers et d'insectes.

L'ALOUETTE.

L'ALOUETTE, la cujelier et la farlouse se distinguent de tous les autres oiseaux par la longueur de leur ongle postérieur, qui est presque
droit, par leurs narines arrondies, à demi recouvertes, et par leur langue cartilagineuse et
fendue à la pointe.

Le chant de ces oiseaux est plus sonore que
celui d'aucun autre; mais pour bien en jouir, il
faut l'entendre dans son état naturel; d'ailleurs,
il est peu d'oiseaux qui conservent dans les fers
toute la pureté de leur voix; il faut, à ces aimables chantres de la nature, l'ombrage des bois,

la verdure des prés, les rayons dorés du jour, la liberté de voltiger de branche en branche, de s'élever, de redescendre dans l'air, et sur-tout le dialogue avec leur jeune famille. Alors leur chant brille de tout son éclat : il nous entraîne, nous élève aux méditations les plus pures, les plus sublimes; il fait souvent couler de nos yeux les douces larmes du sentiment. Quoi de plus intéressant que de voir l'alouette se livrer à ses modulations en s'élevant dans les plaines de l'air ; sa voix suit la progression de son vol; elle monte et baisse en même temps. A la vue de son nid, où se concentrent toutes ses affections, de ce nid la source de sa joie et de tous ses concerts harmonieux, sa note descend par degrés et finit par se perdre insensiblement.

Le chant de l'alouette commence dès le printemps et se prolonge pendant tout l'été ; elle salue exactement le jour à son réveil et à son couchant. Elle s'élève à une telle hauteur, que sa voix nous enchante souvent sans que notre vue puisse la découvrir. Elle appartient au petit nombre d'oiseaux qui peuvent soutenir leur chant en volant. Elle ne chante pas à terre; elle ne se perche jamais sur les arbres.

La femelle place son nid entre deux mottes de terre, et prend les plus grands soins pour le soustraire à la vue d'étrangers. Elle pond quatre ou cinq œufs d'une teinte sombre. Quand sa petite famille est bien venue, elle les emmène, vole à leur tête, dirige leurs mouvements, et les surveille avec la plus douce vigilance. Au reste, cet instinct qui porte cet oiseau à élever et à soigner une couvée, se déclare quelquefois de très-bonne heure, même avant le temps d'être mère.

L'alouette s'apprivoise facilement; elle devient bientôt assez familière pour venir manger sur la table, et se poser sur la main.

L'alouette pipi est la plus petite de l'espèce; le dessus du corps est d'un brun verdâtre varié; le dessous est d'un blanc jaunâtre, moucheté irrégulièrement sur le ventre et sur le cou. C'est un oiseau très sauvage; il niche dans des places solitaires. Le cri de cet oiseau ressemble en quelque sorte à celui de la sauterelle, ce qui, en Angleterre, lui a fait donner le nom d'alouette sauterelle.

LE BOUVREUIL.

Cet oiseau fort commun est d'une forme très

jolie: il a près de six pouces depuis le bec jusqu'à l'extrémité de la queue. Le bec est noir, robuste et crochu, fléchi vers le bout, creux en dedans, la mandibule supérieure plus longue que l'inférieure, entière ou crénelée sur chaque bord; vers le milieu, les narines sont rondes, petites et ouvertes, cachées sous de petites plumes, dirigées en avant; la langue est épaisse, charnue en dessous, obtuse et entière à l'extrémité; la tête et le cou, en proportion du corps, sont plus grands que dans le commun des petits oiseaux.

Le bouvreuil fait son nid dans les buissons, où la femelle pond quatre ou cinq œufs bleuâtres, mouchetés de brun et de rouge. Ce nid, de la construction la plus simple, ressemble tellement au feuillage qui le couronne, qu'il est difficile de le discerner. Pendant l'été il se tient dans les bois et les expositions les plus solitaires; mais en hiver, il s'approche des jardins et des vergers: il fait souvent de grands dégâts aux bourgeons des arbres; il est probable cependant qu'il n'attaque les bourgeons que pour découvrir les insectes qui s'y retirent.

Le mâle n'est pas plus grand que la femelle; mais il a un plus beau plumage. Dans son état naturel, le bouvreuil n'a que trois cris, peu agréables; mais, attentif et docile, tout en conservant sa rudesse naturelle, il apprend bientôt des sons plus doux, plus mélodieux, et parvient non-seulement à imiter exactement son maître,

mais souvent même à le surpasser. On peut aussi
lui apprendre à articuler des mots et de courtes
phrases.

Il ne faut pas prendre ces oiseaux trop jeunes;
il faut au moins qu'ils aient douze jours. Leur
première éducation exige des soins très pénibles
et très assidus: leur attention s'accroît avec l'âge.
Au bout de trois mois, ils commencent à répéter
d'eux-mêmes ce qu'on leur apprend, et depuis
lors il suffit de quelques leçons pour les rendre
parfaits.

Le cardinal, le grenadier, le gros bec d'Abys-
sinie, des Philippines, du Bengale, et le gros bec
social, ne forment tous qu'une même espèce. Le
premier fait en été des provisions d'hiver; le
second se distingue par son plumage du plus
bel écarlate: les deux suivants rendent leurs
nids inaccessibles aux guenons, et impénétra-
bles à la pluie. Le gros bec du Bengale se distingue par son courage et sa vigueur. Enfin le
gros bec social doit son nom à sa vie sociale.
Ces oiseaux habitent souvent ensemble le même
arbre, au nombre de huit cents et même de
mille.

LE ROSSIGNOL.

CE n'est pas à la beauté de son plumage que le rossignol doit la faveur distinguée dont il a joui dans tous les temps près des amateurs de la belle nature. Cet oiseau, qui a fourni tant de richesses à l'imagination des poëtes, a peut-être la parure la plus modeste de tous les habitants ailés des bois.

Il a près de six pouces de long; le dessus de son corps est d'un brun foncé, avec une légère teinte olive; le dessous est d'un cendré pâle; la gorge et le ventre sont blanchâtres.

La variété, la douceur, l'harmonie de son chant, le placent au premier rang parmi nos oiseaux chanteurs. Dans le silence de la nuit, quand tous les autres oiseaux ont suspendu leurs concerts, le rossignol seul fait entendre sa voix mélodieuse : il remplit alors le cœur des émotions les plus douces, élève et transporte l'imagination aux pieds de cette puissance créatrice, si grande, si généreuse dans toutes ses œuvres, si ingénieuse à embellir le séjour passager de l'homme.

Le rossignol est un oiseau solitaire; il ne vit jamais par troupes. La femelle construit son nid de feuillage, de paille et de mousse; elle pond ordinairement quatre ou cinq œufs; elle fait deux et quelquefois trois pontes par an. Tandis qu'elle s'acquitte des devoirs de l'incubation, le mâle, perché sur une branche voisine, cherche à charmer ses ennuis, par l'harmonie de son chant; si quelque ennemi s'approche, si quelque danger menace, il chante encore, et ses accents entrecoupés disent à sa compagne tout ce qu'elle a à craindre.

Les rossignols s'approprient facilement le chant des autres oiseaux. On peut leur apprendre une partie séparée dans un chœur; ils la répéteront exactement à leur tour.

On dit qu'on est souvent parvenu à leur faire articuler des mots, et l'on vante les progrès étonnants qu'ils ont faits dans cette étude.

L'HIRONDELLE.

ON reconnaît l'hirondelle à son bec petit , à base déprimée, comprimé et étroit vers la pointe; à ses narines closes en arrière par une membrane, à ouverture entièrement arrondie; à sa langue courte, large, bifide à la pointe ; à ses tarses courts, et à ses quatre doigts, dont trois sont placés en avant et un en arrière; il y a cependant quelques espèces dans lesquelles les doigts sont tous placés en avant.

Elle a un ramage particulier, vole avec une rapidité étonnante; elle mange, boit, se baigne, et quelquefois donne à manger à ses petits, en volant.

La gravure représente une hirondelle de cheminée.

L'hirondelle annonce aux martinets et aux autres petits oiseaux, l'approche d'un oiseau de proie. A la vue d'une chouette ou d'un épervier, elle pousse un cri perçant ; aussitôt tous les oiseaux de son espèce et les martinets s'attroupent autour d'elle, et sous son commandement, marchent en ligne contre l'ennemi, qu'ils forcent enfin a battre en retraite.

Dès le retour du printemps, quand les rayons du soleil raniment la nature et réveillent l'insecte de sa longue léthargie d'hiver, on voit revenir l'hirondelle de ses émigrations lointaines; à mesure que les chaleurs augmentent et favorisent la multiplication des insectes, elle redouble de force et d'activité. Cet oiseau rend des services infinis à l'homme, en détruisant par miriades, ces essaims nombreux d'insectes, qui finiraient par détruire toute l'espérance du laboureur.

La femelle construit son nid avec un art merveilleux, au haut des cheminées : elle fait quelquefois deux pontes par an.

La majeure partie de ces oiseaux nous quitte vers la fin de septembre. Quelques-uns, dit-on, se retirent dans des cavernes où ils passent l'hiver dans un état d'engourdissement ; on assure que dans cet état elles peuvent même exister sous l'eau.

LE MARTINET.

Cet oiseau est plus petit que l'hirondelle, et sa queue est bien moins fourchue. Le plumage est le même : le dessus du corps, des ailes, de la queue, est noir, lustré de pourpre, et le dessous est blanc. Les martinets sont moins agiles que l'hirondelle, et se coulent, pour ainsi dire, paisiblement dans l'air.

Ils se tiennent quelquefois dans les rochers, près des bords de la mer ; mais le plus souvent sous les toits des maisons, sous les croisées, et sous les corniches. Les matériaux de leurs nids consistent en terre, paille, gazon et plumes. Ces petits architectes ne s'occupent de leur bâtisse que le matin, et laissent leurs travaux se consolider pendant le reste du jour. Le même nid leur sert souvent plusieurs années de suite.

On a beaucoup de peine à les élever en cage ; ils ne se nourrissent que d'insectes.

Il y a une variété de cet oiseau, connue sous

le nom d'hirondelle de rivage : elle fait son nid
de gazon et de plumes, sur le bord des rivières
ou près des sablières. Les trous qu'elle se creuse
avec une grande promptitude, vont en serpentant à une profondeur d'un pied et demi. Les
mouvements de cet oiseau sont inégaux; on dirait un papillon.

Elle se montre dans nos pays en même temps
que l'hirondelle de cheminée. La femelle pond
quatre à six œufs blancs et mi-transparents.

LE MARTINET NOIR.

C'EST la plus grande des hirondelles que l'on
connaisse dans nos climats; elle a quelquefois
jusqu'à dix-huit pouces d'envergure, et ne pèse
cependant guère au-delà d'une once. Tout le plumage est d'un noir lustré, la gorge seule est
blanche. Les pieds trop petits pour lui permettre
de marcher et pour s'élever de terre, ont une
forme particulière. Les doigts sont tous dirigés
en avant. Les martinets noirs se tiennent rarement à terre. Ils ont à leurs pieds un fort éperon, qui les rend propres à se tenir sur les arbres.
Ils se soutiennent plus long-temps sur leurs ailes
qu'aucune autre hirondelle, et leur vol est plus
rapide. Pendant l'été, ils se tiennent dans l'air
près de la quatrième partie du jour.

Ils nichent sous les toits, au haut des clo-
chers et dans d'autres emplacements exposés à
l'air. Leur nid se compose de gazon et de plu-

mes. Ils n'ont qu'une ponte pendant l'été, et n'é-
lèvent jamais plus de deux jeunes.

La voix de ces martinets est rauque; mais
comme on ne l'entend que dans les plus beaux
jours d'été, elle excite toujours des sensations
agréables.

Les martinets noirs arrivent dans notre climat
les derniers de tous les oiseaux de passage, et
sont les premiers à nous quitter. Dès le commencement de juillet on aperçoit parmi eux un
grand mouvement qui annonce le départ; ils
commencent leur émigration vers la mi-août, et
l'on n'en voit plus un seul en Angleterre à la fin
du mois. Cette retraite prématurée, qui a lieu
dans la partie la plus belle de l'année, est difficile à expliquer : elle ne peut provenir ni du
défaut de chaleur ni du défaut de pâture.

LE GOBE-MOUCHE.

Cet oiseau n'a pas cinq pouces de long; le bec
est noir, le front blanc, les yeux sont noisette;
le sommet de la tête, le dos et la queue sont
noirs; le croupion est tacheté d'une teinte cen-

drée; les couvertures des ailes sont foncées, et les plus grandes couvertures sont bordées de blanc. Les côtés extérieurs des tuyaux secondaires sont blancs, de même que les plumes inférieures de la queue. Tout le dessous, depuis le bec jusqu'à la queue, est blanc; les pieds sont noirs. La femelle est beaucoup plus petite, mais pourvue d'une plus longue queue que le mâle. Les parties noires du mâle sont brunes dans la femelle; elle n'a pas comme lui le front marqué de blanc.

Ces oiseaux font leur nid dans le creux des arbres : les parents portent incessamment à leurs jeunes de petites mouches, qu'ils sont très habiles à prendre.

LE GOBE-MOUCHE TACHETÉ.

IL est plus petit que le précédent, et se nourrit comme lui, d'insectes qu'il prend en volant. Comme il aime beaucoup les cerises, on le nomme dans quelques provinces le piqueur de cerises. La femelle pond quatre ou cinq œufs; le nid est fait sans art; mais le père et la mère portent à leurs jeunes les soins les plus tendres et les plus soutenus.

LE CANARI.

Le canari, ou serin des Canaries, est originaire des îles, dont il porte encore le nom. On
présume qu'il ne fut introduit dans nos climats,
que vers le milieu du quatorzième siècle. On le
trouve aussi dans les bois de l'Italie et de la
Grèce.

Il a près de cinq pouces de long; le bec est
couleur de chair; le plumage en général est d'un
jaune plus ou moins mêlé de gris; dans quelques-uns il y a du brun à la partie supérieure.
La queue est un peu fourchue; les tarses sont
couleur de chair. Dans son pays natal, il a le
plumage d'un gris foncé. Le canari emprunte
son chant du rossignol ou de la mésange; il n'est
pas né chanteur.

Il y a vingt neuf variétés connues de cet oiseau,
et l'on pourrait encore ajouter à ce nombre.

C'est un spectacle du plus touchant intérêt,
que de voir ce charmant oiseau choisir sa
compagne, la seconder dans la construction du

nid, rassembler avec elle tous les matériaux
nécessaires, pourvoir avec elle à la subsistance
de leur famille commune, et lui rendre ses devoirs moins pénibles par la douce expression de
son chant amoureux.

Le canari s'apparie volontiers avec le char-
donneret et la linotte, et produit un oiseau de
la plus grande beauté, qu'on nomme le mulet;
il souffre aussi, mais plus difficilement, le pin-
çon et le moineau. La femelle se prête mieux
que le mâle à ces sortes d'infidélités.

Le canari est un oiseau sociable et familier;
il s'attache à celui qui l'entretient; il se vient
percher sur les épaules de sa maîtresse, et recevoir la becquée de sa main, et même de sa bouche.
On peut le dresser à différents tours d'adresse
surprenants.

En 1820, un Français montra à Londres, vingt-
quatre canaris, dont quelques-uns, à ce qu'il
disait, avaient entre dix-huit et vingt ans. Ils
obéissaient, avec la plus grande exactitude, au
commandement de leur maître, tournaient en
cercle autour d'une corde qu'ils se passaient de
la tête entre les jambes; ils se balançaient en
avant, en arrière, sur une sorte de balançoire,
faisaient l'exercice, chargeaient une petite arme
à feu, et à un signal donné, se laissaient tomber comme morts, etc.

LA LINOTTE.

Ce joli oiseau, dont le doux ramage est généralement admiré, a près de cinq pouces de long depuis le bec jusqu'à l'extrémité de la queue. Le bec est d'un gris bleuâtre; les yeux noisette; le dessus de la tête, du cou et du dos, sont d'un brun roussâtre; le dessous, d'un blanc roux; la poitrine est plus foncée, et dans la belle saison, elle devient d'un beau rouge. La queue est brune, bordée de blanc, à l'exception desdeux plumes centrales, qui ont des bordures roussâtres; elle est un peu fourchue; les tarses sont bruns.

La femelle diffère du mâle en ce que les couleurs sont moins foncées, et que les plumes sur la gorge n'ont point de rouge.

La linotte occupe un rang distingué parmi nos meilleurs oiseaux chanteurs. C'est à tort qu'on lui apprend des airs étrangers: ses propres modulations si douces, si variées, devraient nous suffire. On parvient à lui faire prononcer des mots très franchement.

Ces oiseaux se tiennent communément dans les buissons, sur les haies, etc. Ils construisent un petit nid délicat : du jonc, du gazon desséché, de la paille, c uvrent l'extérieur ; le fond est matelassé ; l'intérieur est soigneusement abrité contre le froid. La femelle pond quatre ou cinq œufs blancs, tachetés de roux. On peut enlever les jeunes de leur nid avant le dixième jour ; mais il faut avoir soin de les bien tenir au chaud, et de leur donner la becquée de deux heures en deux heures.

Les linottes aiment beaucoup les graines de lin ; d'où leur vient probablement leur nom.

LE MOINEAU.

LE moineau est un de nos oiseaux les plus familiers : il vole constamment autour de nos habitations, et s'absente rarement de nos jardins et de nos vergers. D'une légèreté, d'une adresse admirable, il ne se laisse pas prendre aisément. Dans son état naturel, il n'a pas de chant ; mais lorsqu'on le prend jeune, on peut lui apprendre quelques airs.

Le moineau a du courage; il combat souvent contre des oiseaux dix fois plus grands que lui; quelquefois il pénètre dans les colombiers.

Les fermiers se plaignent beaucoup du pillage de ces oiseaux; cependant la guerre destructive qu'ils font constamment aux chenilles et aux insectes ailés, compense bien leurs déprédations passagères, et, tout bien considéré, on peut dire qu'ils font à l'économie rurale plus de bien que de mal.

Les moineaux nichent ordinairement sous le toit des maisons ou dans le creux des arbres: le nid est construit de foin et de paille, garni de plumes; il est p'acé de manière à n'être endommagé ni par le soleil, ni par la pluie. La tendresse de la femelle pour ses petits ne peut qu'intéresser.

Le mâle se distingue de la femelle par une tache noire sous le bec.

LA SISTELLE ou LE CASSE-NOISETTE.

CET oiseau a plusieurs rapports avec les pics.
Il y a différentes espèces de sistelle; celle qu'on
voit en Angleterre, a près de six pouces de long.
Le bec est droit terminé en forme de coin ; la
mandibule supérieure est blanche; l'inférieure,
noire; la langue courte, cornée et bifide à sa
pointe ; la gorge et les joues sont blanchâtres ;
la poitrine et le ventre orangés; les grandes couvertures supérieures et les pennes des ailes brunes, bordées d'un gris plus ou moins foncé; les
pennes latérales de la queue noires, terminées
de cendré; les pieds gris; le fond des plumes est
cendré et noirâtre ; l'ongle postérieur très crochu, est le plus robuste de tous.

Ces oiseaux sont sauvages et solitaires; ils ne
se tiennent que dans les bois, où ils grimpent
sur les arbres, et en redescendent avec la plus
grande agilité. Ils se nourrissent la plupart d'insectes. Ils sont d'une dextérité admirable à casser
la noix pour en retirer le fruit ; ils l'enfoncent

solidement dans quelque fente, puis la percent
à coups de bec : on l'entend travailler de fort
loin.

La femelle dépose ses œufs dans le creux d'un
arbre; le plus souvent elle s'empare d'un nid de
pics abandonné: si l'ouverture lui semble trop
large, elle la rétrécit avec de la terre glaise.

Les sistelles ne font pas d'émigration; pendant
l'hiver, elles se rapprochent des lieux habités;
on les voit alors dans les jardins et les vergers.
Elles dorment la tête sous l'aile.

LE PINSON.

Le pinson a le bec bleuâtre, noir à la pointe
pendant la belle saison, et couleur de corne dans
la mauvaise; les yeux noisette; le front noir; les
côtés de la tête, la gorge et le devant du cou,
rougeâtres; le dessus de la tête d'un cendré
bleuâtre; le dos marron; la poitrine et les autres
parties inférieures de couleur vineuse; le croupion olivâtre; une grande tache blanche sur les
petites couvertures, et une bande transversale

sur les grandes; les pennes sont noires et bordées de jaune; la queue, un peu fourchue, est
noire; une raie blanche s'étend sur le bord extérieur des pennes latérales; les pieds sont bruns.
La femelle n'a point de rouge sur la poitrine;
son plumage est en général moins vif; mais c'est
la seule distinction entre elle et le mâle.

Ce joli oiseau est connu dans toutes les parties
du monde. Il commence son ramage avec le
printemps; on l'entend jusqu'au cœur de l'été,
après quoi il garde un long et morne silence. La
femelle pond ordinairement cinq ou six œufs,
d'un roux pâle, tachetés de points sombres; pendant l'incubation, le mâle tient bonne compagnie
à la mère, et ne s'éloigne du nid, que pressé
par la faim.

Les pinsons subsistent de toutes sortes de
grains, ainsi que de chenilles et d'insectes.

On les élève rarement en cage. Comme leur
voix manque de variété, et qu'ils n'ont point de
grandes dispositions pour apprendre le chant
des autres oiseaux, ils conservent leur indépendance.

Les mâles se livrent souvent de rudes assauts,
et combattent à outrance.

En Suède, ils font des émigrations partielles.
Les femelles se rassemblent par bandes nombreuses, et vont se répandre dans les différentes
parties de l'Europe; les mâles restent, et sont
rejoints par leurs compagnes vers le commencement d'avril.

LE MARTIN-PÊCHEUR.

Les anciens ont connu cet oiseau sous le nom
d'alcyon : ils supposaient que la mer n'était jamais battue de tempêtes quand la femelle de
cet oiseau couvait ses œufs, et ils donnaient à
ces jours calmes le nom d'alcyoniens.

Malgré la disproportion de la tête et du bec
avec le reste du corps, cet oiseau est un des plus
beaux que l'on voie en Angleterre. Il a sept
pouces de long et onze de vol. Le bec seul a près
de deux pouces de longueur; il est noir; la mandibule supérieure est jaune à sa base; la langue
est charnue, courte, aplatie et aiguë. Le sommet
de la tête et les côtés du corps sont d'un vert
foncé, moucheté transversalement de points
bleus; la queue est d'un bleu foncé, et les autres
parties du corps sont orangées, blanches et noires; les tarses sont rouges. Les pieds sont bien
organisés pour grimper: deux doigts se dirigent
en avant et deux en arrière; les ailes sont courtes, cependant son vol est très rapide

On trouve ces oiseaux dans toute l'Europe. Ils se nourrissent de petits poissons : ils se posent sur des branches qui s'avancent au-dessus de l'eau , y demeurent immobiles pendant des heures entières, et attendent avec une patience admirable que leur proie se montre ; aussitôt qu'ils aperçoivent un petit poisson, ils fondent à plomb dans l'eau, y restent très peu de temps, et en sortent avec le poisson au bec, qu'ils portent ensuite sur la terre contre laquelle ils le battent pour le tuer avant de l'avaler.

Si cet oiseau ne peut trouver de branche où se poser , il se place sur une pierre voisine du rivage, ou même sur le gravier ; à la vue du poisson , il fait un saut en avant, de douze à quinze pieds, et tombe à plomb sur sa proie.

Quelquefois les martins pêcheurs s'arrêtent au milieu de leur vol, demeurent stationnaires en l'air, s'y soutiennent pendant plusieurs secondes en battant des ailes. Ils agissent ordinairement ainsi en hiver, lorsque les eaux troubles et les glaces épaisses les contraignent de quitter les rivières, et les réduisent aux petits ruisseaux. Ils font souvent de cette sorte plusieurs lieues.

Ils font leur nid dans des trous, près des rivières et des ruisseaux. La femelle pond quelquefois plus de sept œufs, plus gros que ceux du bruyant, et d'un blanc transparent.

Les Tartares et les Ostiacks donnent aux plumes de cet oiseau plusieurs propriétés supersti-

tieuses ; ils leur attribuent de grandes vertus :
on n'a qu'à les faire toucher à une femme pour
lui inspirer de l'amour ; elles sont un préservatif
certain contre toutes les chances de la fortune.
Dans quelques pays où déjà l'on se pique de civi-
lisation, on s'est imaginé, avec autant de vérité,
que leur chair n'était jamais attaquée de cor-
ruption ; et que pour garantir les vêtements, les
meubles, on n'avait qu'à les recouvrir de la peau
desséchée d'un de ces oiseaux.

LE MOTTEUX.

CET oiseau ne pèse guère au-delà d'une once ;
il a le bec noir, mince et long d'un pouce, la
langue échancrée à son extrémité, les yeux couleur de noisette ; une plaque noire prend de
l'angle du bec, se porte sous l'œil, et s'étend au-
delà de l'oreille ; une bandelette blanche borde
le front et passe sous les yeux ; la tête et le dos
sont d'un gris cendré, mêlé de roux. Le croupion
est blanc ; le corps est de la même couleur,
nuancé de jaune et de roux ; les couleurs de la

poitrine et de la gorge sont plus foncées. Les couvertures sont noires, bordées de blanc et de roux ; la queue a près de deux pouces de long : la moitié supérieure est noire, l'inférieure est blanche. La femelle n'a pas la plaque noire sous les yeux ; ses couleurs sont, en général, moins brillantes que celles du mâle.

Les motteux visitent l'Angleterre tous les ans vers la mi-mars, et se retirent en septembre. Les femelles arrivent les premières. Ils se trouvent dans quelques parties du royaume en nombre immense. Ils sont d'une timidité extrême ; et l'on profite de leur terreur pour leur tendre des piéges assurés. Sur les dunes, dans le comté de Sussex, on en prend un grand nombre dans des lacets de crin. Dans un seul canton, on en prend annuellement près de deux mille douzaines. Leur chair est aussi estimée des Anglais que celle de l'ortolan des peuples du continent. Quelques-uns de ces oiseaux nichent dans de vieux terriers de lapin : le nid est grand, composé de gazon, de quelques plumes et de crins. La femelle pond six ou huit œufs faiblement colorés.

L'ORTOLAN.

L'ORTOLAN est commun en France, en Italie, dans quelques parties de l'Allemagne et dans la Suède. Cet oiseau fait les délices des gastronomes du continent. Il a les ailes noires, la tête verdâtre, et jaune vers la mandibule inférieure. Les trois premières plumes de la queue sont

bordées de blanc, les deux latérales sont noires
à l'extérieur. On prend ces oiseaux par grand
nombre ; on les élève dans une chambre bien
close, éclairée par une lampe constamment en-
tretenue. On les pourvoit en abondance d'avoine,
de millet, etc. ; de cette manière, ils engraissent
promptement et deviennent un mets exquis.

LE BEC CROISÉ.

CET oiseau a près de sept pouces de long : il
se distingue de tous les autres par la conformation particulière de son bec ; les mandibules sont
crochues et croisées en deux à leur extrémité.
Les couleurs de ces oiseaux ne sont pas constantes ; elles varient suivant les saisons, suivant
l'âge. En général, la teinte du corps est verdâtre,
tirant sur le rouge, dans les mâles ; et sur l'olivâtre, dans les femelles.

Ce bec difforme qui, au premier abord, sem-
blerait une méprise de la nature, est d'une
grande utilité à l'oiseau, pour se procurer sa
pâture. Comme il ne se nourrit que des graines

renfermées dans les pommes de pin, son bec
crochu lui sert à extraire ces graines; cette petite
occupation absorbe tellement toute son attention,
qu'on le prend très facilement au lacet.

Le bec croisé, en cage, a toutes les manières
du perroquet. Son bec crochu lui sert pour grimper; il monte tout autour de sa cage. Il est mé-
chant : la destruction semble être un jeu diver-
tissant pour lui.

Ces oiseaux habitent les climats froids; on les
trouve jusqu'au Groënland. Ils produisent en
Russie, dans la Suède, dans la Pologne, sur les
montagnes de la Suisse, sur les Pyrénées, d'où
ils font des émigrations immenses vers les autres
contrées; ils sont rares en Angleterre.

La femelle fait son nid sous les grosses branches de pins, et l'y attache avec la résine de ces
arbres; elle enduit de cette même résine l'extérieur du nid, pour le rendre impénétrable à
l'humidité de la neige ou de la pluie; ses œufs
sont blancs, tachetés de roux vers le gros bout.

LE ROSSIGNOL DE MURAILLE.

Cet oiseau n'a guère plus de cinq pouces de long. Un plastron noir lui couvre la gorge, le devant et les côtés du cou, et remonte jusque sous le bec; ce même noir environne les yeux ; un bandeau blanc masque son front; le haut, le derrière de la tête, le dessus du cou et le dos, sont d'un gris lustré, mais foncé; les pennes de l'aile, cendrées et noirâtres, ont leurs barbes extérieures plus claires et frangées de blanchâtre; au-dessous du plastron noir, un beau roux de fer garnit la poitrine au large, s'étend un peu sur les flancs, et reparaît dans toute sa vivacité sur tout le faisceau des plumes de la queue, excepté sur les deux du milieu qui sont brunes; le ventre est blanc; les pieds sont noirs; la langue est fourchue au bout, comme celle du rossignol.

Cette description, empruntée de Buffon, a le double mérite de l'élégance et de la vérité.

Le rossignol est un oiseau de passage : il ne se montre dans nos pays que vers la première quinzaine d'avril, et repart vers la fin de septembre ou dans les premiers jours d'octobre. On ne sait pas dans quel pays il se retire. Il se tient ordinairement sur de vieux arbres ou sur des bâtiments en ruine : il y construit un nid de mousse, garni de crin et de plumes.

Quoique sauvage et timide, on le trouve assez souvent au milieu des villes, où il choisit presque toujours pour sa résidence les expositions les plus inaccessibles et souvent les plus dangereuses.

La femelle pond quatre ou cinq œufs, à-peu-près comme ceux du moineau buissonnier, mais un peu plus longs. Ces oiseaux se nourrissent de mouches, d'araignées, d'œufs de fourmis, et de toutes sortes de petites graines.

On ne peut les apprivoiser qu'en les prenant fort jeunes ; ils sont alors susceptibles d'éducation, et récompensent les soins de leur maître, en les régalant de leur chant, la nuit aussi bien que le jour.

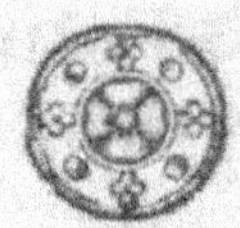

LA FAUVETTE A TÊTE NOIRE.

CET oiseau d'environ cinq pouces de long appartient à l'espèce de la mésange. La mandibule
supérieure est couleur de corne, l'inférieure est
bleuâtre: elles sont toutes deux bordées de blanc;
le sommet de la tête est noir, d'où l'oiseau a
pris son nom; les côtés de la tête et le derrière
du cou sont cendrés, le dos et les ailes d'un gris
olive; la gorge et la poitrine sont d'un gris argenté; le ventre est blanc; les pieds sont d'un
bleu tirant sur le brun, et les ong'es noirs. La
tête de la femelle est d'une couleur foncée.

Cette fauvette nous fait sa visite dès le mois
d'avril, et nous quitte en septembre. Elle est
commune en Italie; en Angleterre, on la voit
rarement. Elle fréquente les jardins, et fait son
nid à peu d'élévation de terre : elle le compose
d'herbes sèches, de mousse, de laine, et le garnit de crins et de plumes. La femelle pond cinq
œufs d'un roux brunâtre, tachetés de points plus
foncés. Pendant l'incubation, le mâle assiste la

femelle, et couve à son tour; il la pourvoit aussi
de vers, de mouches, d'insectes. Son chant a
beaucoup de douceur, et s'approche tellement
de celui du rossignol, qu'à Norfolk on l'appelle
le faux rossignol.

LE HOCHE-QUEUE.

CET oiseau élégant est, après le rouge-gorge
et le moineau, celui qui s'approche le plus volontiers de l'homme et de ses habitations; il a près
de sept pouces de long et onze de vol. Il a le bec
fin, aigu, d'une couleur noire ou brun foncé;
l'iris, noisette; un bandeau blanc enveloppe les
yeux et redescend jusqu'au cou; un large plastron de la même couleur s'arrondit sur la poitrine; le sommet de la tête, la gorge et le dessus
du dos sont noirs; le dessous de la poitrine et
du ventre est blanc; les plus grandes couvertures
et les pennes secondaires sont d'un gris noirâtre,
bordé d'une teinte claire, et les primaires noires; les quatre pennes les plus extérieures de la
queue sont blanches, les autres bordées de gris
sur un fond noir. La queue, longue de près de

trois pouces et demi, est dans une agitation continuelle ; l'oiseau la balance sans cesse de bas en
haut. On suppose que ce mouvement lui sert à
tenir le corps en équilibre.

On voit fréquemment ces oiseaux au bord des
rivières, des étangs, des écluses. Au moment de
la rosée, ils rasent l'herbe, à la recherche des
moucherons, des vers et d'autres petits insectes.
Quand ils voient des femmes occupées à battre
la lessive au bord de l'eau, ils s'approchent aussitôt, et semblent vouloir les imiter par le battement de leur queue. C'est de cette habitude qu'ils
tirent leur nom français de lavandière.

Ils nichent sous les toits, et dans les creux
des vieux arbres. Ils pondent quatre ou cinq
œufs.

Il y a une autre espèce qu'on nomme le HOCHE-
QUEUE JAUNE, d'après la couleur de la tête, du
cou et du dos : il est un peu plus grand que le
hoche queue ordinaire, eu égard à la longueur
de sa queue. Il a le bec brun, la gorge et le devant du cou noirs, la poitrine et tout le dessous
du corps d'un jaune éclatant ; les couvertures et
les pennes des ailes noirâtres, les secondaires
bordées d'un jaune pâle, et blanches à la base,
les pennes intermédiaires de la queue noires,
les extérieures blanches, et les pieds d'un brun
jaunâtre.

La femelle fait son nid à terre, quelquefois
au bord des ruisseaux : elle pond six à huit œufs
d'un blanc sale, couvert de taches jaunes.

On prétend qu'en automne, le hoche queue quitte le nord de l'Angleterre pour se retirer au sud ; mais plusieurs faits contredisent cette assertion. Le soleil n'a qu'à se montrer un instant sur l'horizon, au cœur même de l'hiver, aussitôt l'on voit paraître des essaims de ces oiseaux ; et la vivacité, la légèreté de leurs mouvements ne permettent pas de supposer qu'ils viennent de bien loin.

LE BRUANT.

Le bruant est un peu plus grand que le moineau : la tête est d'un jaune verdâtre, tacheté de brun ; la gorge et le ventre sont jaunes ; la poitrine et les flancs sous les ailes, sont nuancés de rouge ; la queue est couleur de chair.

Ils nichent à terre ; la femelle pond cinq à six œufs ; ils se nourrissent d'insectes et de toutes sortes de graines.

Leur chant a de la douceur, et approche de celui de la linotte.

Ils sont fort communs en Angleterre. En Italie,
on les élève pour le luxe de la table.

LA MÉSANGE.

LA mésange a plus de quatre pouces de long;
son bec robuste et pointu a près d'un demi-pouce
de longueur. La couronne est bleue; du bec aux
yeux elle a une bande noire; le front est masqué
de blanc; cette couleur s'étend jusqu'au milieu
du dos. Le croupion est d'un bleu délicat; les
pennes sont bordées de blanc, de bleu et de vert;
la poitrine et le ventre sont jaunes; une large
bande noire passe depuis la gorge jusqu'au milieu de la poitrine. La queue longue de deux
pouces et demi est noire, à l'exception de quelques plumes dont les bords extérieurs sont bleus.
Les pieds sont d'une sorte de couleur de plomb.

Les mésanges se nourrissent d'insectes, de
grains et de fruits; elles répandent souvent l'a-
larme parmi les jardiniers, qui s'imaginent
qu'elles viennent attaquer les bourgeons, tandis
qu'elles ne s'occupent qu'à la recherche des chenilles qui finiraient par détruire l'arbre.

Elles sont très-prolifiques: une seule ponte est quelquefois de quatorze à vingt œufs. Pour peu que l'on ait touché aux œufs, la femelle abandonne le nid, et va nicher ailleurs.

Les mésanges ne craignent pas de combattre des oiseaux qui ont deux et trois fois plus de volume qu'elles: elles attaquent alors leurs adversaires par les yeux. Quand elles saisissent des oiseaux plus faibles, elles les tuent; leur ouvrent le crâne à coups de bec et mangent la cervelle. Elles sont en guerre ouverte avec les chouettes.

Il y a plusieurs variétés de cet oiseau: la grande mésange a près de cinq pouces de long.

Le nid de toute cette espèce est construit avec beaucoup d'art; il est fait de mousse, de crins fortement entrelacés avec des toiles d'araignées.

LA PERRUCHE.

Cet oiseau, dont les variétés sont fort nom-

breuses, n'est connu en Europe, dit-on, que
depuis les conquêtes d'Alexandre-le-Grand. De
tous les oiseaux étrangers, la perruche est celui
que nous connaissons le mieux. Peu d'autres
égalent la vivacité de ses couleurs, la riche variété de son plumage; mais ce qui le distingue
surtout, c'est sa grande facilité à articuler des
mots. De tous les oiseaux, il est celui dont la
voix se rapproche le plus de la voix humaine: le
corbeau croasse; le geai et la pie sifflent; mais
la perruche parle. Outre ce don de la parole,
cet oiseau l'emporte aussi sur tous les autres
par son excellente mémoire et son étonnante
sagacité.

Pourquoi faut-il ajouter que les talents de la
perruche sont effacés par ses inclinations mal-
faisantes; elle se plaît à détruire tout ce qu'elle
peut atteindre.

Dans leurs forêts originaires, ces oiseaux vivent par troupes; ils font leur ponte dans le
creux des arbres: le nid où ils déposent leurs
œufs est un trou rond percé dans l'arbre, sans
aucune doublure.

La femelle pond deux ou trois œufs presque
aussi gros que ceux des pigeons, et couverts de
petites taches.

Les naturels de ces pays font une chasse assi-
due à ces nids; ils s'en emparent ordinairement
en abattant l'arbre, et pourvu qu'un seul jeune
survive à cette opération, ils se croient suffisam-
ment dédommagés de leurs peines et même de

la perte de l'arbre. Pour les vieux, on les tire avec de grosses flèches garnies de coton à la pointe, qui les abattent sans les faire mourir.

On les nourrit ordinairement de chenevis, de noix, de toutes sortes de fruits, et de pain trempé dans du vin; ils préfèrent la viande, mais elle les rend trop épais et trop lourds, et leur fait perdre au bout de quelque temps leurs plumes.

On a remarqué qu'ils conservent leurs aliments dans une sorte de poche, comme les quadrupèdes ruminants.

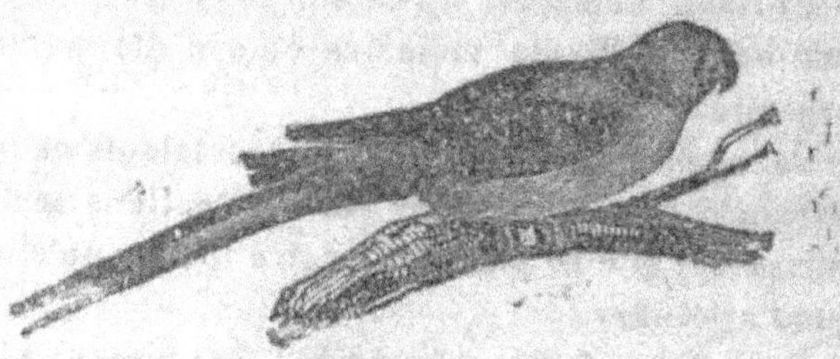

LE PERROQUET.

Cet oiseau a la queue plus longue que la perruche ordinaire, mais il est moins grand. Il parle avec moins de facilité, mais on le prive plus aisément. La plus belle variété de l'espèce est le perroquet à collier : il doit son nom au cercle rouge qui entoure sa nuque et se termine sous la partie inférieure du bec. La tête et le corps sont verts; le cou, la poitrine et tout le dessus du corps sont d'une teinte plus foncée. Le vert du ventre est si clair qu'il semble nuancé de jaune.

LE KAKATOES.

Cet oiseau se distingue des autres perroquets
par la crête formée de longues plumes qui embel-
lit sa tête, et qu'il peut dresser et coucher à son
gré. Son plumage est blanc; les plumes de 'a crête
sont d'un beau jaune; son bec est rond et crochu.

Il est originaire des îles Moluques et d'autres
contrées des Indes orientales. De même que les
autres perroquets, il apprend facilement à articuler de courtes phrases.

On l'a appelé kakatoès, de son habitude à faire
entendre souvent les syllabes de ce mot.

LA HUPPE.

CET oiseau a près de douze pouces de long, et
dix-neuf pouces de vol; le bec n'a guère moins
de deux pouces: il est noir, mince et légèrement
courbé; la langue est très courte et triangulaire;
les yeux sont noisette; la tête est ornée d'une
crête ou huppe, composée d'un double rang de
plumes, de couleur orangée, et bordées de noir;
la plus haute a près de deux pouces de long.
L'oiseau les dresse ou les couche à son gré.
Le cou est d'un brun rougeâtre; la poitrine et
le ventre sont blancs; les plumes du dos, les scapulaires et les ailes sont croisées par de larges
bandes blanches et noires; les plus petites couvertures des ailes sont d'un brun clair; le
croupion est blanc; la queue est composée de dix.
plumes, marquées de bleu; lorsqu'elles sont fer-
mées, elles forment une sorte de croissant. Les
jambes sont courtes et noires.

On dit que la femelle fait deux ou trois pontes par an; elle ne construit pas de nid; elle dépose ses œufs dans le creux d'un arbre, ou même à terre.

La huppe est un oiseau solitaire; il est rare d'en voir deux réunies. En Égypte, où elles sont fort communes, on ne les voit jamais que par petites troupes.

LES GUÉPIERS (*)

Les guépiers proprement dits, ont l'iris d'un rouge vif, le bec noir, le front d'une belle couleur d'aigue-marine, le dessus de la tête d'un marron teinté de vert, le derrière de la tête d'un marron pur, mais qui s'éclaircit en s'approchant du dos; le dessus du corps d'un fauve pâle, avec des reflets verts et rougeâtres plus ou moins apparents; la gorge d'un jaune doré et éclatant, terminée, dans quelques individus, par un collier jaunâtre; le dessus du corps ainsi que la queue, d'un bleu d'aigue-marine; les pennes claires, d'un vert mélangé de roux, presque toutes terminées en noir; les petites couvertures supérieures, d'un vert obscur; les moyennes, rousses, et les grandes, nuancées de vert et de roux; les pieds, d'un brun rougeâtre; les cinq pennes latérales de la queue sont égales entre elles, et les deux intermédiaires les dépassent

(*) On a substitué les guépiers en général à l'espèce particulière des guépiers des Indes

de près de six pouces. Ils sont de la taille des mauvis.

Ils se nourrissent principalement de bourdons, de cousins, de cigales et d'autres insectes; ils nichent dans des trous qu'ils creusent de cinq à six pieds de profondeur, et pondent six ou sept œufs.

L'OISEAU BOURDONNANT, ou L'ORVERT.

IL y a six ou sept variétés de ce singulier petit oiseau, depuis la taille du roitelet jusqu'à celle d'une grosse abeille. Leur principale nourriture se compose de miel, qu'ils retirent du sein des fleurs. Le plus petit de l'espèce, n'est guère plus gros qu'une noisette.

Les plumes des ailes et de la queue sont noires; celles du corps et sous les ailes sont d'un brun grisâtre, plus brillant que l'or; le bec est noir et mince. La tête est ornée d'une petite crête, à laquelle les reflets du soleil donnent l'apparence d'une petite étoile. Le plus grand oiseau-mouche, qui n'est pas de moitié aussi grand que le roitelet, n'a pas de crête; mais les

plumes, couleur de rubis, qui couvrent la gorge,
lui donnent l'éclat du feu. La tête de l'un et de
l'autre est petite; les yeux sont petits, ronds et
d'un noir de jais.

On ne saurait se figurer combien ces oiseaux
embellissent les fertiles campagnes des Indes et
de l'Amérique. Dès le lever du soleil, vous voyez
les différentes espèces d'oiseaux-mouches, voltiger de fleurs en fleurs, et s'abreuver de leur
nectar délicieux; tandis que du mouvement de
leurs ailes, ils produisent un léger bourdonnement, d'où leur vient le nom d'oiseau bourdon-
nant. La vibration de leurs ailes est trop rapide
pour que l'œil puisse la suivre; ils coulent dans
l'air plutôt qu'ils ne volent.

Le nid, de la grosseur d'un œuf de poule coupé
en deux, n'est pas moins curieux: il est suspendu
à deux brins d'oranger, de grenadier ou de ci-
tronnier, et composé de coton, de mousse et de
végétaux. La femelle pond deux œufs, de la grosseur d'un petit pois, blancs comme la neige et
tachetés çà et là de points jaunes. Le mâle et la
femelle couvent alternativement; les jeunes sortent de la coque au bout de douze jours; ils sont
d'abord nus, se couvrent successivement d'un
léger duvet, et enfin de plumes.

Tout petit qu'il est, cet oiseau a du courage
et les passions fort vives. S'il trouve une fleur
privée de son suc, il la déracine et l'éparpille.
On ne peut trop s'étonner, qu'un *être* aussi petit
combatte avec autant d'acharnement, avec au-

fant de force. Il ne s'enfuit pas de suite à la vue
de l'homme; il le laisse s'approcher de plusieurs
pas avant de prendre le vol.

On les abat ordinairement avec du sable, ou
avec de l'eau qu'on leur souffle d'une sarbacane.

L'OISEAU DE PARADIS.

L'histoire de ce joli oiseau, a long-temps été
un tissu de fables et d'absurdités. Sa femelle,
disait-on, pondait ses œufs en volant ; il n'avait
point de jambes ; se tenait par les deux longs
filets de sa queue, aux branches des arbres
quand il dormait ; ne se nourrissait que de rosée,
et ne touchait jamais la terre qu'après sa mort.
Tous ces contes sont enfin remis à leur place :
la raison n'admet plus le merveilleux.

On suppose que le nom de cet oiseau lui vient

de ce qu'on le voit toujours en l'air, et prenant son vol vers les tropiques, à une petite distance de la terre. Comme sa présence est d'un heureux présage pour les marins, en leur laissant entrevoir la proximité de la terre ferme, on l'aura nommé l'oiseau de paradis ou de la délivrance.

Sa tête est petite, mais ornée de couleurs qui rivalisent d'éclat avec celles du paon ; le cou est d'une teinte fauve ; le corps très-petit, mais convert de longues plumes, d'une teinte plus brune, semées d'or ; deux longs filets sortent du croupion et forment la queue.

Ces jolis oiseaux sont originaires des îles Moluques, dont ils couvrent de leurs troupes immenses, les bois délicieux et aromatiques.

Le grand oiseau de paradis niche dans la Guinée, et s'y tient durant les moussons humides. A l'approche de la sécheresse, il se retire dans les îles d'Arron. Il y a deux variétés de cet oiseau.

Ces oiseaux voyagent par troupes de trente à quarante individus, sous la direction d'un chef, que les Indiens appellent le roi. Ce chef, que l'on dit d'une couleur noire, tachetée de points rouges, vole à leur tête, et préside à toutes leurs stations.

L'oiseau de paradis ne vole jamais avec le vent son léger plumage ne le lui permet pas. Dès qu'il s'élève un vent un peu violent, il dirige son vol vers une région plus élevée, et laisse la tempête au-dessous de lui.

On tue ordinairement ces oiseaux avec de

grosses flèches de roseau : on leur ampute les jambes, leur enlève les entrailles, et on remplit leur corps d'aromates : dans cet état, on les vend aux Européens.

Les plumes de cet oiseau ont pendant long-temps servi de parure aux dames de l'Amérique du Sud.

LE TOUCAN.

CET oiseau remarquable a près de vingt pouces de long; le bec, d'un gris jaunâtre et roux à sa pointe, a six pouces de longueur, et près de deux pouces d'épaisseur à sa base; les narines sont orbiculaires, situées près du front, et dans la plupart dénuées de plumes; le dessus du corps est d'un noir lustré, avec une teinte verdâtre; le dessous, le croupion, le dessus de la queue et les petites plumes des ailes sont de la même couleur, avec une pointe de cendré. La poitrine est orangée ; le ventre, les flancs, les cuisses et les courtes plumes de la queue sont d'un roux clair ; les rémiges sont d'un blanc verdâtre bordé de roux ; les pieds et les ongles sont noirs.

Dans leur état sauvage, ces oiseaux sont très bruyants, s'agitent continuellement d'une place à l'autre, et vont à la recherche de leur pâture du sud au nord.

Les toucans nichent dans le creux des arbres ; quelquefois ils font leur nid eux-mêmes ; le plus souvent, ils se contentent de celui que le hasard leur offre : la femelle pond deux œufs ; il est probable qu'elle fait plus d'une ponte par an : aucun oiseau ne veille mieux sur ses jeunes.

Le toucan ne compte pas seulement au nombre de ses ennemis, les oiseaux, les serpents, l'homme ; mais encore les guenons, qui, pressées par la faim, vont souvent assaillir son nid. Placé dans son trou, il en défend l'entrée avec son grand bec, et la guenon est forcée de se retirer.

Cet oiseau est originaire de la Guyane et du Brésil, il est fort recherché, dit-on, dans l'Amérique du sud, tant pour la délicatesse de sa chair que pour la beauté de son plumage, sur-tout des plumes de sa poitrine.

Cet oiseau se laisse facilement apprivoiser ; on peut alors le nourrir de tout ce qu'on veut : le raisin cependant semble être sa nourriture favorite ; il saisit les grains un à un avec une grande adresse, sans jamais les laisser tomber à terre.

Quand ces oiseaux marchent par troupes, il y

en a toujours un qui demeure en faction pendant la nuit. Pendant que les autres sont livrés
au sommeil, il se perche au-dessus d'eux sur le
sommet de l'arbre, et fait continuellement entendre comme des sons étouffés, en agitant sa
tête à droite et à gauche ; les Américains du sud
l'appellent pour cette raison toucan prédicateur.

LE PÉLICAN.

Les oiseaux aquatiques peuvent être divisés en
trois sections principales : nous comprendrons
dans la première, l'espèce des mouettes qui,
munies de longues jambes et de becs ronds, rasent la surface de l'eau pour s'emparer de leur
proie ; la seconde se composera de l'espèce des
goëlands, qui, ayant le bec rond, les ailes courtes et les jambes cachées dans l'abdomen, vont

chercher leur pâture en plongeant ; enfin la troisième section renfermera l'espèce de l'oie, au bec large et aplati, et se nourrissant d'insectes et de végétaux. Dans le système de Linnée, toutes ces différentes espèces sont comprises sous le nom générique d'oiseaux nageurs.

Avant d'aborder la description de ces différentes espèces, nous tracerons l'histoire du pélican, qui, par la singularité de sa conformation, ne peut être rangé sous aucune des divisions que nous venons d'établir.

Le grand pélican ou pélican blanc, ressemble par sa couleur et sa construction au cygne, mais il est beaucoup plus grand ; son bec, et la poche inférieure de ce bec, qui mettent cet oiseau hors de toute ligne de comparaison, méritent une description particulière.

Ce bec a près de seize pouces de longueur ; il est très épais à sa base, diminue progressivement, et est crochu à son extrémité ; il est d'un bleu roux ; sous la mandibule inférieure pend une poche qui pourrait contenir quinze pintes d'eau, et qui s'étend dans toute la longueur du bec ; ce sac est couvert d'un duvet doux et soyeux : quand il est vide, il est presque imperceptible.

Le pélican a de fortes ailes, fournies d'un plumage épais, de couleur cendrée, qui est aussi la couleur de toutes les plumes du corps ; les jambes sont couleur de plomb, et les ongles gris ; il a quatre doigts liés entre eux par des nageoires ; les yeux, en proportion de la tête, sont très petits. Il a dans sa contenance quelque chose de triste, de mélancolique.

Ces oiseaux sont d'une indolence, d'une inactivité extrême : la faim seule peut les réveiller de leur stupeur. Quand ils ne sont pas pressés du besoin de nourriture, ils demeurent immobiles sur le haut des rochers ou sur les branches des arbres, et conservent cette attitude dolente pendant plusieurs jours de suite.

Quand ils vont à la recherche de leur pâture, ils s'élèvent environ de trente à quarante pieds au-dessus de l'eau, tournent la tête et un de leurs yeux de côté, et continuent de voler dans cette position. Aussitôt qu'ils aperçoivent un poisson, ils se précipitent dessus avec la rapidité d'une flèche, le saisissent et le plongent dans le sac, reprennent leur vol, et continuent leur pêche jusqu'à ce que leur sac soit plein ; alors ils se retirent à terre, où ils dévorent avidement le fruit de leur industrie. Après le repas ils retombent dans le sommeil et dans une complète inertie, jusqu'à ce que les besoins de l'estomac les raniment et les forcent à une nouvelle pêche.

Le pélican montre la même indolence dans toute sa conduite : la femelle ne prépare pas de nid pour ses jeunes ; elle les dépose et couve sur la terre nue. Il faut renvoyer aux fictions de la mensongère antiquité cette idée singulière, que le pélican nourrissait ses jeunes de son propre sang. Cependant on raconte un fait qui prouverait que la femelle a vraiment de l'affection

pour sa géniture. On avait enlevé des jeunes
pélicans, et on les avait attachés par les pieds
à un poteau; on vit bientôt accourir la mère leur
apporter des vivres; elle répéta ce manége plusieurs jours de suite, resta même avec eux une
grande partie de la journée, et passa la nuit sur
les branches d'un arbre qui les couvrait; elle
devint si familière, qu'elle se laissa toucher, et
accepta quelques poissons qu'on lui offrit. Elle
cachait ordinairement ces présents dans son
sac, et les dévorait ainsi à loisir.

Malgré leur indolence et leur stupidité naturelle, les pélicans, quand ils sont privés, sont
susceptibles d'éducation; ils deviennent dociles,
marchent au commandement de leur maître, et
retournent vers lui avec leur poche remplie de
butin.

On dit que lorsque les pélicans pêchent de
compagnie avec le cormoran, ils saisissent leur
proie d'une singulière manière. Ils forment un
grand cercle à quelque distance de la terre; et
tandis que les pélicans baissent les ailes, les
cormorans plongent dans l'eau; les poissons sont
alors poussés du côté des oiseaux, qui resserrent
le cercle en s'approchant de terre, et enferment
subitement leurs victimes. De cette manière ils
en prennent souvent un grand nombre.

Le pélican était autrefois connu en Europe,
surtout en Russie; aujourd'hui on ne le trouve
qu'en Afrique et en Amérique.

LE CORMORAN.

Le cormoran ou corvoran pèse près de sept livres, et approche de la taille de l'oie. La tête et le cou sont d'un beau noir; le corps est épais et lourd, d'une forme plus semblable à l'espèce de l'oie qu'à celle dés goë'auds. Son caractère distinctif consiste dans ses doigts, enveloppés tous dans une même membrane; l'ongle du second doigt est pectiné sur le bord interne.

A l'approche de l'hiver, ces oiseaux se dispersent le long des côtes, remontent les rivières à leur embouchure, et portent le ravage et la mort parmi les habitants de l'eau. Ils sont d'une voracité remarquable; leur digestion est si prompte, qu'ils semblent tourmentés d'un appétit continuel.

Ils nichent sur le sommet des rochers qui

avoisinent la mer; la femelle pond ordinairement trois ou quatre œufs, gros comme ceux
de l'oie, et d'un gris pâle.

En Chine, on les prive et les dresse à la pêche;
un seul homme peut facilement en gouverner
une centaine. Quand un pêcheur part pour le
lac, le cormoran se perche sur le bord du bateau, où il se tient tranquille, et attend ses
ordres avec une patience infatigable. Lorsque
l'on est arrivé au lieu du rendez-vous, au signal
donné, l'oiseau vole en sens divers, et va s'ac-
quitter de la tâche qui lui est prescrite; rien
de plus plaisant que de voir quelle sagacité il
déploie dans l'exercice de ses fonctions. Il chasse
à l'entour, il plonge, il s'élève au-dessus de la
surface à plusieurs reprises; lorsqu'enfin il a
découvert sa proie, il la saisit, avec son bec, par
le milieu du corps et l'apporte à son maître.
Quand il est fatigué, on lui accorde un moment
de relâche; mais on ne lui donne à manger qu'a-
près la fin de sa tâche. Pour se garantir de sa
voracité, on a soin de lui boucler d'un anneau
le bas du cou, sans quoi il s'occuperait de son
appétit insatiable, avant de pourvoir à la table
de son maître. Cette pêche se pratiquait autrefois en Angleterre; et jusque sous le règne de
Charles I, il y eut un officier attaché au service
de sa maison, qui portait le titre de maître des
cormorans.

LE GOËLAND A MANTEAU NOIR.

Les goëlands fréquentent principalement les contrées septentrionales; ils ne plongent pas autant que les autres oiseaux aquatiques. Ils ne subsistent le plus souvent que du petit poisson qu'ils peuvent saisir près de la surface de l'eau; quelquefois ils se nourrissent de vers; au besoin, ils se jettent sur les cadavres des gros poissons. La légèreté de leur corps, et la longueur de leurs ailes favorisent la rapidité de leur vol. Ce n'est qu'au bout de trois ans que les jeunes acquièrent toutes les couleurs de l'espèce.

Le goëland à manteau noir, est presque le plus grand de l'espèce; il pèse communément p'us de quatre livres, et a entre vingt-quatre à vingt-six pouces de long, depuis la pointe du bec jusqu'à l'extrémité de la queue, et près de

cinq pieds d'envergure. Le bec comprimé latéralement et crochu au bout, a près de trois pouces
de long. Sa couleur est orangée; les narines sont
d'une forme oblongue ; la langue est longue et
fort aiguë à son extrémité ; l'iris des yeux est
d'un beau rouge; les ailes et les plumes intermédiaires du dos sont noires ; le bord des couvertures et des pennes est blanc; la tête, la poitrine, la queue et toutes les autres parties du
corps sont également blanches.

La queue a près de six pouces de long ; les
jambes et les pieds sont couleur de chair et les
ongles sont noirs. Il y a près de vingt variétés de
cette espèce.

On trouve ces oiseaux en grand nombre dans
différents pays ; mais ils se tiennent ordinairement le long des côtes ; c'est là qu'ils élèvent
leurs jeunes ; c'est là qu'on entend pendant plusieurs mois de suite leur voix discordante.

Ces oiseaux, comme tous ceux qui vivent de
rapines, ne pondent que peu d'œufs ; et dans
plusieurs pays leur nombre diminue de jour en
jour. La diminution d'oiseaux aussi voraces semble, au premier abord, avantageuse à l'homme ;
mais si nous considérons combien de nos insu-
laires se nourrissent de leur chair, soit fraîche,
soit salée, nous ne pouvons que jeter un regard
douloureux sur le temps où ces pauvres gens
perdront leur meilleur et peut-être leur unique
subsistance.

Ce goéland protège ses jeunes avec une grande

intrépidité ; la véhémence qu'il met à les défendre cause le plus souvent sa mort.

LE FULMAR, ou PÉTREL PUFFIN.

LES pétrels ont tous la singulière faculté de
lancer de leur bec une grande quantité d'huile
à une distance considérable ; ils se servent de
cette éjaculation contre tous ceux qui osent les
attaquer.

Le fulmar est le plus grand de l'espèce : il est
d'une taille supérieure au goëland commun ; il
a près de quinze pouces de long, et pèse dix-sept
onces ; il a le bec robuste, crochu à la pointe,
et d'une couleur jaune ; la tête, le cou et tout
le dessous du corps, ainsi que la queue, sont
blancs ; les ailes sont de couleur cendrée. Les
pétrels nourrissent tous leurs petits en leur dé-
gorgeant dans le bec la substance réduite en
huile de poissons, qui paraissent être leur unique nourriture ; cette huile est regardée par

les habitants du Nord comme un remède souve-
rain contre toutes les douleurs, soit internes,
soit externes. Leur chair passe également pour
un mets délicat : aussi cet oiseau est-il très
recherché à St.-Kilda.

On dit que lorsqu'on a pris une baleine, ces
oiseaux bravent tous les obstacles pour se jeter
sur elle, et se repaître des monceaux de graisse,
souvent même avant que la baleine ait cessé
d'exister.

L'OISEAU DE TEMPÊTE.

Ce pétrel n'est pas plus grand que l'hirondelle ; il a les jambes longues et effilées ; il est
entièrement noir, à l'exception des couvertures
de la queue, de la queue elle-même, et des plumes sous le ventre, qui sont blanches.

On le trouve dans presque toutes les mers,
ordinairement à une grande distance du rivage.
Il brave les tempêtes les plus violentes : il court
avec une rapidité surprenante au milieu des

vagues en furie, se tient même quelques instants au-dessus d'elles. Il est excellent plongeur; il suit souvent les vaisseaux pour s'emparer de ce que l'on jette à la mer. Les matelots
qui regardent sa rencontre comme un présage
indubitable d'une tempéte prochaine, lui donnent le nom de poulet de la mère Carey.

Le pétrel semble chercher un abri contre la
furie des vents dans le sillage des vaisseaux ;
c'est pour cette raison que probablement on le
voit souvent voler entre deux lames.

Aux mois de juin et de juillet, on trouve les
nids de ces oiseaux dans les îles d'Orkley. Silencieux pendant le jour, ils font un grand va-
carme durant la nuit.

Il y a environ vingt espèces d'oiseaux étrangers, de la famille des pétrels ; celle connue
sous le nom de pétrel de Norfolk fait des terriers dans le sable, comme un lapin.

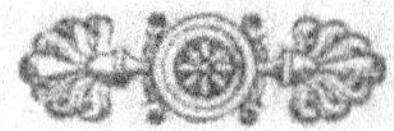

LA GRANDE HIRONDELLE DE MER.

Cet oiseau a près de quatorze pouces de long,
et pèse au-delà de quatre onces. Le bec, couleur
de cramoisi, est noir à la pointe; il est très
mince; les pieds sont de la même couleur; le
derrière de la tête est noir; le dessus du corps
est d'un jaune pâle, et le dessous blanc. On les
appelle hirondelles de mer, parce qu'elles se
conduisent sur mer comme l'hirondelle sur
terre, se saisissent de tous insectes qui se montrent sur sa surface, s'élancent sur les petits
poissons, qu'elles prennent avec une rapidité
étonnante.

La petite hirondelle de mer ne pèse pas deux
onces cinq grains: le bec est jaune; et des yeux
au bec passe une bande noire: du reste, elle
ressemble exactement à la première.

L'hirondelle de mer noire se place entre les
deux espèces précédentes; elle pèse deux onces
et demie; elle est entièrement noire, à l'excep-

sion d'une tache blanche sous la gorge. Cet oiseau s'appelle dans quelques pays l'hirondelle
cariate; il est très bruyant.

Parmi les oiseaux étrangers de cette espèce, le
plus singulier est celui de la Nouvelle-Zélande:
il a le bec noir, et le corps est entièrement bigarré de noir et de blanc; sa longueur est de
près de treize pouces.

LE GRAND ALQUE.

Cet oiseau est de la grosseur d'une oie : il a
le bec noir, couvert à sa base de courtes plumes
veloutées ; le dessus du plumage est noir, le
dessous blanc; entre les yeux et le bec, est une
plaque blanche, et une bande oblongue de la
même couleur sur les ailes, qui sont beaucoup
trop courtes pour le vol. Il est mauvais marcheur; mais il nage et plonge bien. Il se nourrit

de poissons; il fréquente les côtes de la Norwège, du Groënland, de Terre-Neuve, etc. La
femelle ne pond qu'un œuf.

Il y a un autre oiseau de cette forme, appelé
le pinguin, dont il y a de nombreuses variétés,
qui occupent les mêmes régions dans le sud,
que l'alque dans le nord; on ne le trouve, comme
lui, que dans les zónes tempérées et froides de
l'hémisphère méridionale. Il a les mêmes mœurs,
la même marche, les mêmes couleurs et la
même stupidité; ses ailes sont également im-
propres au vol; il nage avec la même rapidité;
la nourriture, la forme du nid, tout les rapproche. Ces oiseaux se tiennent droits en couvant
leurs jeunes; le cri ressemble à celui de l'oie,
mais il est un peu plus rauque.

Une des plus belles variétés de l'espèce est
celle que l'on nomme le manchot moyen ou
Jumping Jack; cet oiseau ne se trouve que dans
les îles de la mer du sud.

LE GUILLEMOT.

CET oiseau est de la taille d'un dindon ordi
naire ; le dessus du corps est d'un brun fonc
tirant sur le noir ; que'ques p'umes alaires so
bordées de blanc ; tout le dessous du corps est
également blanc ; la queue a près de deux pouces de long.

Le petit guillemot pèse environ seize onces ;
le dessus du p'umage est plus foncé que dans
l'espèce précédente. Le guillemot noir est entièrement noir, à l'exception de la large p'aque
blanche qui couvre ses ailes. On prétend qu'en
hiver il devient blanc. Il y a une variété de
cette espèce assez commune en Écosse, que l'on
désigne sous le nom de pigeon moucheté du
Groënland. Le guillemot marbré, originaire du
Kamtschatka, doit son nom aux nuances de son
plumage.

Ces oiseaux sont d'une simplicité et d'une stupidité extrème. Le guillemot voit tomber tous ses camarades sans changer de position.

Les guillemots forment une section à part de l'espèce du plongeon. Le plongeon du Nord et le plongeon chinois sont les espèces les plus remarquables.

Le premier habite ordinairement la mer du nord ; on le voit assez communément sur les côtes de l'Écosse. Le dernier est dressé par les Chinois à la pêche. Ils s'apparient généralement avec d'autres oiseaux, et nichent sur les rochers les plus inaccessibles. Ils pondent de très gros œufs bleuâtres, tachetés de points noirs.

LE MACAREUX.

Le macareux se montre sur les côtes d'Angleterre au commencement d'avril : il a près de douze pouces de long ; les yeux sont verdâtres ;

le dessus de la tête et du corps est noir; les parties inférieures sont blanches; il a un collier noir qui entoure la gorge, les côtés de la tête sont blanchâtres, avec une légère teinte jaune et cendrée; les ailes se composent de fort petites plumes; la queue est noire et longue d'environ deux pouces; les jambes et les cuisses sont orangées, et les ongles d'un bleu foncé. Le bec de cet oiseau est d'une conformation particulière. Voici ce qu'en dit Buffon, car il faut toujours citer ce grand peintre de la nature, quand il s'agit de caractères qui sortent de la ligne commune. « Figurez-vous, dit Buffon, deux lames de couteau très courtes, appliquées l'une » contre l'autre par le tranchant : c'est le bec du « macareux; la pointe de ce bec est rouge et » cannelée transversalement par trois ou quatre » petits sillons, tandis que l'espace près de la » tête est lisse et teint de bleu; les deux mandi- » bules étant réunies, sont presque aussi hautes » que longues et forment un triangle à peu près » isocèle; le contour de la supérieure est bordé » près de la tête, et comme annelé d'un rebord » d'une substance membraneuse ou calleuse, » criblée de petits trous, et dont l'épanouisse- » ment forme une rosette à chaque angle du » bec. »

Cet oiseau, comme tous les alques, a les pieds tellement courts, qu'il ne peut marcher sans chanceler; il a de la peine à s'élever, et tombe à plusieurs reprises avant de se soutenir sur ses ailes; mais comme il est très petit, quand une fois il s'est élevé, il continue son vol avec une grande célérité.

Le macareux ne fait point de nid; il dépose ses œufs dans les crevasses des rochers ou dans un trou qu'il creuse près des côtes. Quand la femelle va à la recherche de la pâture, le mâle remplit à sa place les devoirs de l'incubation. Ils ne pondent qu'un seul œuf; le petit est éclos au commencement de juillet; rien alors ne peut se comparer à la surveillance et au courage de ses père et mère. Le grand corbeau de mer vient quelquefois l'attaquer; mais aussitôt le macareux marche contre l'ennemi, et un combat singulier commence. Dès l'approche du corbeau, le macareux le saisit sous la gorge avec son bec, et lui enfonce les griffes dans la poitrine; le corbeau cherche à s'échapper, mais le macareux ne lâche pas prise; il entraîne son adversaire dans la mer; ils plongent tous deux, et le corbeau expire sous les flots. Cependant le corbeau n'est pas toujours malheureux: s'il lui arrive de surprendre le macareux au fond de son trou, il le dévore lui et sa femelle.

Les kamtschadales et kourlis mettent autour de leur cou des becs de macareux, et s'imaginent que ce singulier ornement leur porte bonheur.

LE CYGNE.

Celui qui a vu le cygne et sur l'eau et sur terre, a de le peine à croire que ce soit le même oiseau. Sorti de son élément favori, ses mouvements sont gênés; son cou tendu lui donne un air stupide; on dirait une oie de la grande espèce; mais lorsqu'il glisse doucement sur l'eau, il prend mille attitudes gracieuses, et déploie à chaque instant de nouvelles beautés. Rien de contraint dans ses mouvements : pas un pli ne dépare l'harmonie de son corps; tout est beau, tout est plein de grâces; l'œil s'arrête avec complaisance sur ses contours arrondis, sur ses transitions heureuses, sur ses formes qui semblent incessamment renaître plus belles, plus parfaites; il nage avec la plus grande agilité.

Il y a long-temps que cet oiseau a été réduit à l'état de domesticité. Il est entièrement blanc, et pèse près de vingt livres; les plumes recouvrent un duvet moëlleux et épais qui fait un grand objet de commerce sous le double rapport de l'utilité et de l'agrément. Il est le plus silencieux des oiseaux; quand il est provoqué, il ne peut que pousser un faible sifflement; c'est en quoi il diffère surtout du cygne sauvage.

Ce charmant oiseau est aussi délicat dans le choix de sa nourriture qu'élégant dans ses formes; il se nourrit de pain, de plantes aquatiques, de raisins et de graines. A l'approche de l'incubation, il prépare un nid dans quelque endroit écarté du rivage; il le forme de plantes aquatiques, d'herbes et de joncs; le mâle et la femelle se prêtent un secours mutuel; la femelle pond sept ou huit œufs, plus grands que ceux de l'oie, revêtus d'une coquille épaisse, et quelquefois tubéreuse. La couvée dure six semaines; les jeunes, en quittant la coquille, sont cendrés; ils conservent cette couleur encore plusieurs mois plus tard. On ne s'approche pas impunément d'un nid de cygnes, quand les vieux sont occupés de nourrir leur jeune famille; l'inquiétude, la tendresse aiguillonnent leur courage. On a vu la femelle attaquer et tenir en respect un renard qui, à la nage, s'était frayé un chemin vers son nid.

Un vieux cygne a assez de force pour casser la jambe d'un homme d'un coup de son aile. Quand le danger est pressant, et que la résistance est difficile, le cygne se sauve en emportant un de ses jeunes sur son dos.

Cet oiseau jouissait autrefois d'une grande considération en Angleterre ; par un édit d'Édouard IV il n'était permis à personne, à l'exception du fils du roi, d'avoir des cygnes, à moins de posséder un franc-fief de la valeur de cinq mares par an ; par un acte postérieur, le vol des œufs de cygnes était puni d'un emprisonnement d'une année et d'un jour. Un autre acte soumettait même la durée de la peine à la seule volonté du roi.

Aujourd'hui on ne les recherche plus pour la délicatesse de leur chair ; mais on en entretient un grand nombre pour leur beauté.

Le cygne vit fort long-temps ; il n'est pas rare qu'il atteigne l'âge de cent ans.

L'OIE.

LES oies sauvages se trouvent en grand nombre dans différentes parties de l'Angleterre. On suppose qu'elles ne font pas d'émigration comme sur le continent. Pendant le jour elles se tiennent rarement à terre. On les voit voler à une grande hauteur par bandes de cinquante et de cent. Leur vol est de la plus parfaite régularité ; elles s'avancent sur une ligne de front, ou sur deux formant un angle au milieu. L'oie privée conserve dans la domesticité les habitudes de l'oie sauvage ; elle ne renonce jamais entièrement à sa liberté primitive.

Ces oiseaux forment un article essentiel de l'économie rurale par leur chair exquise, leur graisse abondante, et sur-tout leur excellent duvet. On leur enlève ce duvet plusieurs fois l'année ; cette opération ne les fait ordinairement pas souffrir beaucoup, à moins q e la température ne passe subitement du chaud au froid ; ce changement leur est alors mortel.

On connaît tous les moyens barbares que la gourmandise humaine a imaginés pour hâter l'engraissement de l'oie. Les anciens se bornaient à la tenir dans une étroite et sombre captivité : nous avons été plus loin ; nous n'avons pas craint de lui clouer les pieds, de lui coudre ou crever les yeux, de l'empêcher de boire en la gorgeant de boulettes afin de l'étouffer dans la graisse. Heureusement cette pratique atroce n'est pas la plus commune.

L'oie ne couve communément qu'une fois par an ; mais on peut obtenir deux, même trois couvées par saison. Aucun oiseau ne remplit les devoirs de l'incubation avec autant d'assiduité que l'oie ; elle ne s'occupe plus de ses propres besoins ; il faut, pour ainsi dire, lui faire violence pour qu'elle prenne quelque nourriture.

On cite plusieurs faits qui montrent que l'oie est susceptible d'un grand attachement, et même d'une sorte d'amitié passionnée, qui la fait languir et périr loin de l'objet de son affection.

La vigilance de l'oie jouissait autrefois d'une grande réputation. Tout le monde sait qu'elles furent le salut de Rome lors de l'assaut du capitole par les Gaulois. L'oie répète à tout moment ses grands cris d'avertissement, et le plus souvent toute la troupe répond par une acclamation générale.

Les gastronomes n'ont pas encore décidé l'importante question qui de l'oie grise ou blanche mérite la préférence.

LE GANNET, ou LE GOELAND BRUN.

Ce goëland appartient à l'espèce du pélican, et pèse environ sept livres. Il a comme lui une poche sous la mandibule inférieure, qui peut contenir cinq ou six harengs; il a près de deux pieds de longueur: la couleur générale du plumage est d'un brun sale avec une teinte cendrée. Le cou est long, le corps plat et très chargé de plumes; la queue étagée se compose de douze plumes très aiguës à leur extrémité.

Ces oiseaux qui ne vivent que de poisson, se tiennent ordinairement dans les îles inhabitées où ils trouvent leur pâture en plus grande abondance, et où ils ont moins à craindre de persécutions. Les îles de l'Écosse septentrionale, celles de la mer du nord abondent en ces oiseaux; on dit que la petite île St. Kildan en renferme plus de cent mille. Les habitants en tuent une grande partie et se nourrissent de leur chair.

Le gannet est un oiseau de passage: pendant l'hiver, il se tient sur les côtes où il attend les nombreuses colonies de harengs qui descendent alors de la mer du nord. En général, ses voyages dépendent entièrement de la marche de ces harengs: son arrivée est pour les pêcheurs le présage assuré d'une pêche abondante; mais il ne leur donne pas cet avis gratuitement : il vient chercher sa part du butin jusque dans les bateaux.

Ces oiseaux ne font qu'une ponte par an; ils nichent sur les rochers inaccessibles, près de la mer: ils ne font qu'un œuf; si on l'enlève, ils en pondent un second; et enfin un troisième, si le second n'a pas été plus heureux que le premier. Leurs œufs sont blancs et plus petits que ceux de l'oie commune. Leur nid est grand, et composé de différents matériaux qui flottent sur la surface de la mer. Les jeunes, pendant leur première année, sont d'une teinte obscure, nuancée de nombreuses taches blanches de forme triangulaire.

Ces oiseaux, lors de leurs émigrations, volent par bandes de cinq à quinze. Dans le moment de la pêche, ils s'élèvent à une grande hauteur dans les airs, et fondent sur leur proie avec la rapidité du milan: leur excellente vue ne les trompe jamais ; ils sont toujours sûrs de réussir dans leur saut.

Cette rapidité du goëland à se jeter sur le poisson, a fourni contre lui l'arme la plus infaillible : on attache un poisson sur une planche, et on l'expose à la vue du gannet ; l'oiseau s'élance sur la planche, et se casse la tête.

L'EIDER.

L'EIDER n'est guère plus grand que le canard ordinaire. Il a le bec cylindrique et noir. Dans le mâle, les pennes d'une partie de la tête, le dessous de la poitrine, le ventre et la queue sont noirs ; presque tout le reste du corps est noir ; les jambes sont vertes. La femelle est d'un brun rougeâtre, nuancé de traits noirs et sombres. On le trouve principalement dans les îles occidentales de l'Ecosse, sur les côtes de la Norwège, de l'Islande, du Groënland, et dans quelques contrées de l'Amérique du nord, principalement dans les îles des Esquimaux.

La femelle pond trois à cinq œufs, quelquefois même huit, ils sont grands, lustrés, et d'une

couleur olive. Elle leur prépare près de la mer,
un lit tendre et doux, avec le duvet qu'elle s'arrache elle-même. Quelquefois deux femelles
pondent leurs œufs dans le même nid ; elles vivent alors dans une parfaite harmonie. Tout le
temps que la femelle reste sur ses œufs, le mâle
demeure près d'elle en observation ; mais dès
que les petits sont éclos, il l'abandonne. La mère
cependant continue encore long-temps ses tendres soins à sa couvée. C'est vraiment un spectacle intéressant, que de voir la mère guider les
premiers pas de ses jeunes ; elle marche devant
eux, lorsqu'elle arrive près de l'eau, elle les
prend sur son dos, nage pendant quelques brasses, plonge, et les petits flottant sur la surface,
sont obligés de pourvoir eux-mêmes à leur conservation. On ne les voit plus ensuite sur le
rivage.

Dans l'Islande, l'eider construit quelquefois
son nid près des habitations : on le traite avec
tant de ménagement, tant de douceur, qu'il se
familiarise bientôt avec les habitants. Ce sont
eux qui donnent ce duvet si doux, si léger et si
chaud, connu sous le nom d'eiderdon. On va
recueillir ce duvet dans leur nid : on écarte la
femelle, on s'empare du duvet et des œufs ; on
replace ensuite la couveuse qui pond de nouveaux œufs, et les recouvre de nouveau du duvet
qu'elle s'arrache dessous l'estomac et le ventre ;
quand elle est épuisée, le mâle vient à son secours, et couvre les œufs de son propre duvet.

On reconnaît aisément celui du mâle par sa
blancheur. Quand les jeunes quittent le nid, ce
qu'ils font dès qu'ils sortent de la coquille, on
pille tout le nid. Les meilleurs œufs et le duvet
le plus fin, se récoltent pendant les trois premières semaines de la couvée; on a généralement remarqué que la ponte n'était jamais plus
abondante que dans les temps pluvieux. Une fe-
mel'e, pendant la couvée, donne ordinairement
une demi-livre de duvet, que l'on peut réduire
à moitié d'après ce qui se perd par l'épurement.
Quand il est pur, les Lapons paient la livre à raison de deux rixdalers.

La compagnie islandaise en exporte annuellement près de deux mille livres pesant, sans
compter ce que recueillent les étrangers.

Les Groënlandais tuent ces oiseaux avec des
flèches, les poursuivent sur de légers bateaux,
et les surprennent ordinairement lorsque, fatigués de leur longue course, ils se montrent sur
la surface de l'eau.

LE CANARD.

Le canard sauvage, la souche du canard domestique, se tient dans les marais; on en prend
annuellement un grand nombre dans le Lincolnshire. Cependant il ne manque pas de pré-
cautions pour se garantir des embûches de
l'homme. Il dépose ses œufs sur des arbres élevés,
et porte ses jeunes à l'eau par le bec.

Le canard commun, dont il y a près de dix
variétés, est trop bien connu pour en faire la
description. De tous nos animaux domestiques,
c'est le plus facile à élever. Il ne faut que le tenir
dans le voisinage de quelque pièce d'eau; cet
élément a pour ces oiseaux un attrait irrésisti-
ble; rien ne peut les en éloigner.

On met souvent sous la poule des œufs de
cane: elle les couve mieux que leur mère naturelle, qui d'ailleurs semble avoir assez fait pour
ses petits quand elle les a portés à l'eau. La poule
les couve, les élève avec une patience et une
assiduité qui ne se démentent jamais; elle reste
sur le rivage quand ils se jettent à l'eau; alors

son inquiétude est évidente : elle s'agite, elle se
tourmente, les rappelle, mais en vain; ils ne
l'écoutent plus, l'instinct les entraîne; qu'il se
présente un rat, une belette, la poule vole à leur
défense, les couvre de son aile protectrice, et
elle les reconduit au logis en même temps avec
ses poussins. Ce n'est pas une nourrice choisie
au hasard, c'est une véritable mère.

A la Chine, on fait éclore les œufs de cane au
moyen d'une chaleur artificielle; quand les petits sont éclos, on les nourrit pendant une quinzaine de jours; au bout de ce temps, ils savent
se pourvoir d'eux-mêmes.

LE GRÈBE HUPPÉ.

Le grèbe huppé est de la taille du canard; le
bec, d'une couleur rougeâtre, a près de deux
pouces de long; les plumes du sommet de la tête

forment une espèce de huppe que l'oiseau élève
ou baisse à volonté, selon qu'il ressent de l'inquiétude ou du plaisir. Tout le dessus du corps
est d'un brun noirâtre; tout le dessous est blanc
argenté; il n'a pas de queue; ses pieds et ses
ongles sont larges et aplatis.

LE MILLOUIN.

Cet oiseau pèse environ vingt-deux onces; la
tête a quelque ressemblance avec celle du canard ordinaire; mais il est moins grand; il est
d'ailleurs d'une forme plus élégante; les ailes
sont plus longues; il a la tête et une partie du
cou d'un brun roux ou d'un beau marron. Le
haut du dos et la poitrine sont d'un brun noirâtre; le reste du dos et du dessous du corps est
rayé de noir en zig-zag sur un fond gris de
perle; ces teintes sont beaucoup plus claires sous
le ventre; les ailes et la queue sont d'un gris
nuancé de noirâtre; les pieds sont couleur de
plomb, et les ongles noirâtres. Le bec est d'un
bleu foncé, noir à la base et à la pointe. La femelle est plus petite que le mâle; les jeunes sont

gris; ils conservent cette couleur jusqu'au mois
de février, où le plumage du mâle commence à
prendre de belles nuances: on prétend que vers
la fin de juillet, leurs couleurs s'obscurcissent
et changent en gris. On ne distingue que difficilement alors le mâle de la femelle.

Ces canards sont communs en Angleterre. Ils
se nourrissent de pervenche, d'herbes sauvages,
etc., qu'ils cueillent au fond des rivières et des
lacs. Leur chair a une grande délicatesse; elle
n'est pas inférieure à celle des canards sauvages
ou de la sarcelle.

LA MOUETTE CENDRÉE,
OU MOUETTE A PIEDS BLEUS.

LA mouette a, de la pointe du bec à celle de
la queue, de seize à dix-sept pouces de longueur,
et près de deux pieds d'envergure: elle pèse environ une livre et demie. Le dessus de la tête est
orné d'une belle huppe qui retombe en arrière;

au-dessous de chaque côté de la tête est une tache noire; le reste de la tête et du cou, ainsi que l s parties inférieures du corps, sont blancs; le dos et les ailes sont élégamment nuancés de bleu et de noir; la queue, longue de plus de deux pouces, est d'un cendré obscur; les plumes diminuent progressivement. Le bec est couleur de plomb; son extrémité est tachetée de blanc; il est un peu crochu et plus petit que celui des canards ordinaires; les narines sont très ouvertes; les pieds approchent beaucoup de la couleur du bec; les yeux sont d'une couleur foncée.

La femelle n'a point de huppe; les côtés de la tête sont roux; les ailes cendrées; la gorge est blanche; pour le reste, elle ne diffère pas du mâle. Ils se nourrissent de poissons; on les voit rarement en Angleterre, à moins d'une saison bien rude; encore en voit-on rarement plus de trois ou quatre.

LA SARCELLE.

La sarcelle fait partie de nos canards sauvages, mais elle est la plus petite de l'espèce. Elle est commune en Angleterre pendant les mois d'hiver; on croit même qu'elle y fait sa ponte aussi bien qu'en France. Elle ne pèse communément que douze onces, et n'a guère plus de cinq pouces depuis la pointe du bec jusqu'à celle de la queue. Quand les ailes sont déployées, il y a, d'une extrémité à l'autre, près de deux pieds.

Le bec est d'un brun foncé; la tête est d'une couleur plus claire; une large bande blanche prend sous les yeux et passe par derrière la tête; le dos et les côtés sous les ailes sont nuancés de lignes blanches et noires; la poitrine est d'un jaune sale, entrecoupé de lignes transversales d'un blanc sombre; le ventre est plus clair, et marqué de taches d'un brun jaunâtre; les pennes des ailes sont d'un brun foncé, avec des rebords blancs; es couvertures, de couleur verte, sont bordées de blanc; les scapulaires tirent sur une couleur cendrée; les jambes et les pieds sont bruns, les ongles noirs.

Ces oiseaux se nourrissent de cresson, de cerfeuil et autres verdures, ainsi que de grains et de quelques insectes d'eau. Leur chair est très-délicate; on la préfère à celle de tous les canards sauvages.

La femelle construit son nid avec des roseaux entremêlés de gazon; elle le pose, dit-on, sur des joncs, de manière qu'il baisse et s'élève avec la hauteur de l'eau.

La sarcelle chinoise et le canard d'été de Ca-

tesby, sont les plus belles variétés de l'espèce.
On a essayé de naturaliser la première en Angleterre ; mais elle est trop délicate pour résister
à la rigueur du climat. Les parties supérieures
du corps sont d'un brun foncé ; le cou et la poitrine sont châtains ; les scapulaires sont noirs ;
à la courbure de chaque aile, se trouvent trois
raies transversales noires, et deux raies alternativement noires et blanches. Sur la tête il y a
une huppe dont la base est noire, et la partie
supérieure d'un beau vert lustré.

Le canard d'été de Catesby habite le Mexique
et quelques îles de l'Inde occidentale : on ne le
voit dans nos pays que dans les ménageries des
curieux.

LA GRUE.

Il y a plus de cent variétés de cette espèce; elles habitent les climats tempérés ou froids; quelques-unes sont des oiseaux de passage.

Les grues se reconnaissent aisément à la longueur de leurs jambes et de leur bec; ce dernier est doué d'une grande sensibilité à sa pointe, pour que l'oiseau, à défaut de la vue, ne se trompe pas dans le choix de ses aliments, qu'il déterre au fond des marais.

Elles n'ont pas cherché la protection de l'homme; elles vivent en liberté dans les marais, au bord des lacs et sur les côtes de la mer.

On ne sait trop si l'on doit les appeler oiseaux de terre ou d'eau : leur nourriture principale croît dans des places aqueuses; cependant leur organisation ne leur permet pas de la chercher là où elle abonde.

Les grues ont près de cinq pieds de long, et au-delà de deux pieds de hauteur; leur cou est proportionné à la longueur de leurs jambes; le sommet de la tête est couvert de petites plumes noires; leur dos, nu et d'une couleur rouge, sert à les distinguer de la cigogne, avec laquelle elles ont d'ailleurs de grands rapports. Le bec, de forme cylindrique, a plus de trois pouces de long; le plumage en général est cendré; de dessous les grandes couvertures et les plus près du corps, sortent deux larges plumes à filets, que l'oiseau relève en panache, et laisse retomber à son gré; une partie des ailes est noirâtre.

Les régions arctiques semblent être leurs contrées favorites: cependant on les rencontre par toute l'Europe, excepté dans la Grande-Bretagne.

Elles voyagent sans cesse, et suivent le cours des saisons: en hiver, elles habitent les climats brûlants de l'Arabie et de l'Égypte. Elles traversent la France au printemps et en automne: elles s'élèvent très haut, et volent en triangle pour fendre l'air avec plus de facilité.

C'est la nuit qu'elles choisissent pour aller au pillage: elles viennent se répandre dans les champs de blé; une troupe de gens armés laisserait des traces moins funestes de son passage. Au besoin elles s'abattent dans de vastes marais, s'assemblent tout le jour comme pour délibérer sur leurs projets, et font une guerre facile et destructive aux insectes et aux vers.

La femelle pond deux œufs bleuâtres, de la
grosseur des œufs d'oie. Les jeunes grues peuvent être privées.

LA GRUE GÉANT.

CET oiseau est beaucoup plus grand que le
précédent, il a près de cinq pieds de haut, le
bec est très long, d'une forme triangulaire, sa
base a près de quinze pouces de rondeur ; la
tête et le cou sont presque nus ; les plumes du
dos et des ailes sont d'un bleu cendré et très
fortes, celles de la poitrine sont larges ; le ventre
est couvert d'un duvet d'un blanc sale, de même
que le dessus du dos et des épaules ; les jambes
et la moitié des cuisses sont nues ; ces parties
nues ont près de trois pieds de longueur.

Cet oiseau habite le Bengale et Calcutta : on
le trouve quelquefois sur les côtes de la Guinée.
Il pénètre dans l'intérieur du Bengale avant la
saison des pluies, et se retire avec la sécheresse ;
il est d'un abord sale et dégoûtant, mais il rend
de grands services à ces contrées, en les déli-
vrant d'une multitude d'insectes et de reptiles
nuisibles ; il semble achever l'ouvrage du jackal
et du vautour. Les grues se nourrissent de poissons ; et un seul de ces oiseaux dévorerait un
repas qui suffirait pour quelques personnes. On
a trouvé dans le jabot d'une grue une tortue de
terre, longue de dix pouces, et dans son estomac
un grand chat noir.

Les grues vont par troupes ; à les voir d'une

certaine distance, s'avancer ainsi par troupes près des embouchures des rivières, ayant les ailes déployées, on les prendrait aisément pour des canots, sur la surface paisible de la mer.

Les Indiens les croient invulnérables, et pensent que les ames des bramins passent dans leurs corps. Elles ne sont pas moins révérées en Afrique.

On les prive assez facilement ; elles se familiarisent bientôt

L'OISEAU ROYAL,

OU LA GRUE DES ILES BALÉARES.

Les îles Baléares sont, comme son nom l'indique, la patrie originaire de cet oiseau. Cependant on le trouve aujourd'hui communément

dans les iles du Cap vert. Il a de grands rapports
avec la grue; mais il en diffère par une sorte
de couronne ou de bouquet de plumes verdâtres,
dirigées en tous sens, dont sa tête est décorée.
Ces plumes divergentes lui donnent un singulier
caractère de beauté. La couleur de son plumage
est d'un gris verdâtre.

Un fanon pareil à celui du coq, mais non partagé en deux, lui pend sous la gorge. Sa coarse
est très rapide; il déploie les ailes en courant;
ses mouvements ordinaires sont lents.

L'ADJUDANT.

Cet oiseau est de l'espèce du héron, et Linnée
le range dans la classe des nageurs. Il est d'une
conformation vraiment singulière; sous le menton il a comme une espèce de réservoir, pour

recevoir l'eau qu'il avale avec ses aliments: cette singularité le rapproche du pélican. Sa tête n'a ni poils, ni plumes, ni duvet, ce qui lui donne l'apparence d'un morceau de bois. Cette difformité est encore augmentée par les yeux, qui semblent entés dans la tête; ils sont dépourvus de paupières ou d'appendices cartilagineux. Le bec est aussi anomal; il est composé de deux longues pièces, de l'apparence de bois, avec lesquelles l'oiseau fait un grand bruit quand il les nettoye; les couvertures des ailes et du dos sont noires, avec une teinte bleuâtre; le dessus du corps est blanchâtre; les jambes sont longues, dégarnies de plumes et d'une teinte verdâtre; les cuisses sont de même; le cou est également dépourvu de plumes comme celui de l'autruche, et couleur de chair.

LA CIGOGNE.

Nous ne parlerons ici que de la cigogne blanche qui est la plus remarquable de l'espèce. Elle a entre deux et trois pieds de longueur ; le bec, d'un beau roux, a plus de sept pouces de long ; tout le plumage est blanc, à l'exception de quelques plumes des côtés et des ailes qui sont noires ; le cou, les jambes et les parties nues des cuisses sont roux.

Les cigognes blanches sont mi-privées ; elles se tiennent dans la ville, parcourent même tranquillement les rues à la recherche de leur pâture ; elles purifient les champs des serpents et des reptiles ; c'est pour cette raison que les Hollandais les protègent, et que les Musulmans les révèrent. Dans l'antiquité, elles étaient tellement respectées des Thessaliens, que le meurtre d'une cigogne était un crime que la mort seule pouvait expier. Les anciens d'ailleurs regardaient cet oiseau comme le modèle de la tempérance, de la fidélité conjugale, et de la tendresse filiale et paternelle.

Cet oiseau est d'un naturel fort doux : il n'est ni farouche, ni sauvage, on le prive aisément : il se tient alors volontiers dans les jardins qu'il nettoie d'insectes et de reptiles. Il a l'air grave, quelque chose de sombre dans ses traits ; cependant la gaieté l'anime insensiblement et lui fait perdre sa morosité. Le docteur Hermann nous raconte qu'il a vu des cigognes privées dans un jardin où jouaient des enfants ; l'oiseau se mettait de la partie, courait à son tour quand on le touchait, et jouait en un mot aussi bien que ses

camarades. On a lieu de s'étonner qu'un oiseau
aussi doux, soit aussi vindicatif. Une cigogne
sauvage avait été mordue par une cigogne privée; au bout de quelques mois, on la vit revenir
accompagnée de trois autres cigognes, et venger
sa blessure par la mort de son premier vain-
queur.

Les cigognes sont des oiseaux de passage: elles
nous quittent en automne, pour se rendre dans
des climats plus doux que l'Europe; elles obser-
vent une grande exactitude dans leurs voyages.

On les voit rarement plus au nord qu'en Suède.
Quoique fort communes en Hollande, elles sont
rares en Angleterre. On les trouve en grand
nombre à Séville en Espagne. A Bagdad on les
voit par centaines sur les maisons; et à Persé-
polis chaque caravansérail a un nid de cigogne.

La cigogne donne de grands soins à l'éducation de ses jeunes : elle ne les quitte pas avant
qu'ils soient assez forts pour se défendre et s'en-
tretenir. Lorsqu'ils ont quitté leur nid, la mère
les porte sur ses ailes, les protége contre tout
danger, et périrait plutôt que de les abandonner.

En automne elles se retirent en Égypte ou
dans la Barbarie: elles y jouissent d'un second
été, et font une seconde ponte. Elles voyagent
par troupes immenses. Le docteur Shan, témoin
du passage de trois troupes de cigognes, dit
qu'elles avaient plus d'un quart de lieue de large, et que le passage dura près de trois heures.
Bellon nous apprend qu'elles arrivent en Égypte

dans un tel nombre, qu'elles blanchissent tous
les prés. Leur arrivée est une fête pour les naturels ; elles les délivrent des nombreux essaims
de crapauds et de serpents.

Dans la Palestine, elles rendent les mêmes
services en détruisant les rats et les souris.

LE HÉRON.

CET oiseau est d'une légèreté remarquable en
raison de son volume : il a plus de trois pieds
de long ; ses ailes déployées n'ont guère moins
de cinq pieds de largeur ; et il ne pèse en tout
que trois livres et demie.

Il est très maigre : on prétend que sa peau
n'est pas plus épaisse que la feuille d'or que travaille l'orfèvre.

Son bec robuste, fendu jusqu'aux yeux, acu-
miné, a près de cinq pouces de long; ses ongles
sont forts et redoutables. Cependant quoiqu'il soit

très bien armé pour la guerre, il est aussi lâche qu'indolent: l'approche d'un épervier le met en fuite. Il n'exerce sa tyrannie que dans l'eau : il attaque tous les poissons, soit grands, soit petits, et les blesse, quoique ses forces ne lui permettent pas de les emporter. Il ne se nourrit que du petit fretin, qu'il dévore en quantité immense; un seul de ces oiseaux détruit près de neuf mille carpes dans le courant de l'année. Villonghby a vu ouvrir un héron dont l'estomac renfermait dix-sept carpes.

Les hérons se tiennent habituellement près des étangs et des marais, et commettent leurs déprédations dans la solitude et le silence. Ils ne vivent en famille que lors de la couvée. Leur nid est composé de perches garnies de laine. La femelle pond quatre gros œufs d'un vert pâle ; quand les jeunes sont éclos, leur voracité insatiable force les vieux à une pêche continuelle ; et la quantité de poissons qu'ils détruisent alors est prodigieuse.

Quoique le héron ne se saisisse de sa proie qu'en plongeant au fond de l'eau, il s'en empare souvent aussi au vol: il ne pêche avec succès que dans les eaux basses : le poisson, à la vue de l'ennemi, descend en vain jusqu'au fond de l'eau, le héron, avec ses longs pieds et son long bec, le poursuit, l'atteint, le perce et l'enlève.

Du temps que la fauconnerie était en vogue, la chasse aux hérons était un grand divertissement.

LE BUTOR.

Le butor est plus petit que le héron : il a le bec plus mince et moins large ; sa bouche s'ouvre dans une telle expansion, que les yeux semblent comme fixés dans le bec. Les plumes forment une sorte de huppe à la partie postérieure de la tête ; la couronne est noire. Le plumage en général est d'un jaune pâle, nuancé de noir ; quelques parties des ailes sont d'un roux clair, barré de noir. Les plumes sous la poitrine sont longues, larges et flottantes ; la queue est très courte ; les jambes sont d'un vert pâle ; les ongles sont longs, et celui du milieu est crochu.

Le butor appartient à différentes parties de l'Europe. Il change de demeure en automne, e commence toujours ses voyages au couchant du soleil.

Le butor est d'un naturel doux et paisible : il passe une vie solitaire dans les marais, où il se tient ordinairement entre les joncs et les roseaux, la tête droite, de manière à voir au-dessus de lui, sans avoir à craindre que le chasseur découvre sa retraite. Pendant l'été, il se nourrit de poissons et de grenouilles; vers l'automne, il se retire dans les bois et fait la chasse aux rats et aux mulots. Le mâle, pendant les mois de février et de mars, pousse régulièrement matin et soir un cri effrayant, qui a quelque ressemblance avec le mugissement du taureau: on suppose que c'est pour appeler sa compagne; on s'imaginait autrefois que pour jeter ce cri, il plongeait le bec dans la vase. On prétend qu'il provient d'une membrane lâche, située à l'entrée de la gorge, et susceptible d'une très grande expansion.

Il ne prend son vol que le soir, en décrivant une ligne spirale à une telle hauteur qu'on le perd de vue; dans le même temps il fait entendre un cri singulier, moins fort que celui que nous avons comparé au mugissement du taureau, mais non moins désagréable.

Au mois d'avril, la femelle fait un nid de joncs et de feuilles aquatiques; elle pond communément quatre ou cinq œufs d'un gris-blanc verdâtre; la couvée est de vingt-cinq jours. Les butors défendent leurs jeunes avec un grand

couragé ; il est rare que le faucon s'expose à
l'attaque du nid.

Lorsqu'il est blessé par le chasseur, cet oiseau
fait souvent une forte résistance : il ne se retire
pas, il attend son ennemi, lui porte dans les
jambes des coups de bec si violents, qu'il péné-
tre dans la chair à travers les bottines ; quelquefois il se jette sur le dos, comme les oiseaux
de proie , et combat en même temps de ses
ongles et de son bec. Il prend ordinairement
cette position , lorsqu'il est surpris par les
chiens ; sa défense alors est si vigoureuse, que
ses assaillants sont forcés de battre en retraite.
Il ne s'envole pas à la vue d'un oiseau de proie ;
il lui oppose le bout aigu de son bec et l'oblige
à se retirer, le plus souvent après l'avoir fortement blessé. Dans ses combats, il s'attache principalement aux yeux de son adversaire.

Sa chair a presque la saveur du lapin : elle
n'est pas moins recherchée sur les tables modernes qu'autrefois.

LE FLAMAND.

Les flamands réunissent les caractéristiques
des nageurs et des plongeurs. Ils ont les jambes
et le cou longs, le bec épais, long, arqué ; les
narines linéaires. La mandibule supérieure flé-
chit vers le milieu de la longueur par une forte
courbure ; l'inférieure plie en proportion, en
conservant la forme d'une large gouttière ; les

bords de toutes deux sont garnis en dedans d'une petite dentelure noire, aiguë, dont les pointes sont tournées en arrière. La langue, aiguë dans la partie supérieure, musculaire au milieu ; est cartilagineuse, et se termine en pointe. Les pieds sont palmés, et les doigts sont très courts.

Le flamand rouge n'a le corps guère plus gros que l'oie ; mais lorsqu'il se tient droit, la longueur de ses jambes et de son cou, lui donne une hauteur de près de six pieds ; sa couleur est d'un bel écarlate. Ces oiseaux vont par troupes nombreuses ; lorsqu'on les voit d'une certaine distance, cherchant leur pâture au bord des rivières, on les prendrait pour un régiment de soldats. Des insectes d'eau et de petits poissons forment leur subsistance ; ils les prennent en plongeant dans l'eau le bec et une partie de la tête, en même temps que de leurs pieds ils foulent fortement la vase pour forcer leur proie à se montrer. Pendant cette sorte de pêche, un d'entre eux demeure en observation, pour les avertir. En cas de danger, il leur donne le signal par un cri qui approche du son de la trompette ; toute la troupe prend aussitôt le vol en poussant de grands cris.

La femelle niche dans les marais, où elle a moins à craindre de surprise ; la construction du nid n'est pas moins singulière que celle de l'ouvrier. Il s'élève d'environ dix-huit pouces au dessus de la surface de l'étang ; il est formé

de vase pétrie et durcie au soleil ; il a la forme
d'un tuyau de cheminée ; la partie supérieure
offre un creux adapté à la taille de l'oiseau ;
dans cette cavité, la femelle pose ses œufs, qui
ne dépassent jamais le nombre de deux. Les
jeunes sont long-temps hors d'état de voler ; mais
on dit qu'ils courent avec une grande célérité.
On peut les apprivoiser ; mais la privation de
leurs habitudes naturelles leur est ordinairement funeste.

Les flamands se tiennent habituellement dans
l'Amérique et dans l'Afrique ; mais ils s'avancent quelquefois sur la Méditerranée jusqu'aux
côtes de l'Espagne, de l'Italie et de la France.
Les Romains en faisaient grand cas. Le flamand
faisait une partie essentielle de leurs grands
banquets somptueux, de leurs sacrifices solen-
nels. La langue était regardée comme la viande
la plus délicate.

LA SPATULE.

C'est par erreur qu'on donne quelquefois à
cet oiseau le nom de cuiller. On distingue trois
espèces de spatule. La spatule couleur de rose a
le plumage d'un beau roux, et le dessous du cou
ceint d'un collier noir. Celle désignée sous le
nom de petite spatule, habite la Guiane et Surinam; le dessus du corps est brun, le dessous
blanc; les pennes ont des tuyaux blancs, et la
queue est arrondie, courte et d'un blanc brunâtre. L'espèce la plus commune est la spatule
blanche, à qui on a donné ce nom en raison de
son plumage, qui, à de très petites exceptions,
est entièrement blanc. Cet oiseau approche de
la taille du héron, mais il est moins haut de cou
et de jambes; le bec a près d'un pied de long; il
a la forme d'une cuiller.

« Ces oiseaux, dit M. Latham, se trouvent dans

» différentes parties de l'ancien continent de-
» puis l'Islande jusqu'au cap de Bonne-Espérance ;
» ils se tiennent dans le voisinage de la mer :
» on les a vus sur les côtes de la France, à Se-
» venhuys près de Leyden, où ils se trouvaient
» autrefois en très grand nombre ; ils nichent
» annuellement dans les bois ; leur nid est placé
» sur des arbres élevés, du côté de la mer ; la
» femelle pond trois ou quatre œufs blancs, mar-
» quetés de quelques points d'un roux pâle, et
» de la grosseur des œufs de poules. Ils sont
» très bruyants pendant la ponte, comme les
» freux. On les rencontre rarement en pleine
» rivière ; ils se tiennent ordinairement à l'em-
» bouchure. Ils se nourrissent de poissons qu'ils
» enlèvent souvent aux autres oiseaux, à la ma-
» nière de l'aigle royal : on trouve aussi dans les
» endroits où ils sont en grand nombre, des
» moules et autres coquillages ; ils font égale-
» ment la chasse aux grenouilles, aux escargots,
» et se contentent même de plantes marines, de
» roseaux. Ce sont des oiseaux de passage ; à
» l'approche de l'hiver, ils se retirent dans des
» climats plus chauds ; on les voit rarement en
» Angleterre. »

La guerre continuelle qu'ils font aux greno il-
les, aux crapauds et aux serpents, les rend très
précieux au cap de Bonne-Espérance.

Vers le postérieur de la tête, cet oiseau a une
belle huppe blanche un peu inclinée en arrière,
qui forme un contraste agréable avec le noir des

cuisses et des jambes. La sagesse de la Providence se manifeste sur-tout dans la formation du bec de la spatule ; la grenouille et le lézard échappent quelquefois du bec mince et étroit du héron ; mais ces petits animaux qui offrent la nourriture principale de la spatule, se trouvent arrêtés par ses larges mandibules.

L'AVOCETTE.

L'AVOCETTE est presque de la taille du pigeon ; elle est nuancée de noir et de blanc ; elle a les jambes très longues. Mais ce qui lui donne un caractère absolument particulier, c'est la forme de son bec qui se relève en forme de crochet dans une direction inverse du faucon et du perroquet ; il est noir, aplati, aigu et flexible à son extrémité ; les pieds sont palmés, et pourvus de trois doigts en avant et d'un autre plus court en arrière.

Les avocettes se trouvent dans différentes parties du continent. En hiver, elles s'assemblent par bandes à l'embouchure des rivières bien vaseuses, et vont à la recherche des vers et des insectes qu'elles retirent de la vase au moyen de leur bec recourbé. Leurs pieds semblent propres à la nage ; mais comme on ne les a jamais vues dans l'eau, il est probable que leurs nageoires n'ont d'autre but que de les empêcher de s'enfoncer dans la vase. La femelle pond deux œufs gros comme ceux de pigeon, d'une couleur

blanche, nuancée de jaune et tachetée de points
noirs

LA BARGE BLANCHE.

La barge blanche a plus de cinq pouces de
long; le bec est presque aussi long que celui de
la bécasse, et dirigé un peu en haut; la mandibule supérieure est plus large que l'inférieure;
la langue est aiguë; les oreilles ouvertes et larges; les plumes sur la tête sont d'un brun clair
ou rougeâtre; noires vers le milieu, mais d'une
teinte plus pâle ou plus jaunâtre vers les yeux;
le cou et la poitrine sont presque de la même
couleur que la tête, mais nuancés de lignes
noires transversales, bordées d'un jaune pâle;
les plumes de la queue sont alternativement
cro'sées de bandes noires et b'anches; les jambes sont d'un vert foncé, quelquefois noires, les
ongles sont de cette dernière couleur.

Ils cherchent leur nourriture près des côtes
de la mer, se nourrissent de vers qu'ils trouvent

en abondance dès que la marée se retire. La
femelle a la gorge et le cou d'une couleur verte;
le croupion est blanc, tacheté ou plutôt saupou-
dré de points noirâtres. Ce sont des oiseaux fort
timides; à l'approche d'une tempête, ils cherchent précipitamment un abri.

LES COURLIS.

Ces oiseaux n'ont pas de grosseur uniforme;
les uns ne pèsent qu'une vingtaine d'onces, tandis que d'autres en pèsent au-delà de trente. On
les trouve en Angleterre, en France, en Italie,
en Allemagne et dans tout le nord jusqu'au
Golfe de Bothnie. Ils traversent l'île de Malte
deux fois par an, lors de leurs émigrations le
long de la Méditerranée. Ils volent par troupes
nombreuses; on les connaît sur toutes les côtes
de la mer, où ils se nourrissent de vers, de grenouilles et de toutes sortes d'insectes marins.

En hiver ils cherchent leur pâture dans les marais. En été ils se retirent dans les montagnes, y font leur ponte dans des places solitaires, et ne reparaissent qu'au commencement de l'hiver.

Les courlis ont un long bec noir, arqué; les plumes de la tête, du cou, du dos, sont noires au milieu; les bordures sont colorées et nuancées de roux; celles entre les ailes et le dos sont d'un beau bleu lustré, et réfléchissent une couleur aussi brillante que l'argent. Le ventre est blanc; les doigts sont partagés, mais joints à la racine par une petite membrane. La femelle est un peu plus grosse que le mâle; et les taches de son corps, sur-tout à la partie supérieure, tirent plus sur le rouge.

LA BÉCASSINE.

Les bécassines sont des oiseaux de passage : on suppose qu'elles font leur ponte en Suisse et en Allemagne: elles nous visitent en automne et nous quittent au printemps. Quelques-unes passent avec nous l'année entière, et se construisent un nid de gazon et de plumes dans les parties les plus inaccessibles des marais. La petite bécassine ou la sourde, est une variété de l'espèce. Elles se nourrissent principalement de petits vers, de limaçons et des larves des insectes. Durant la saison des pontes, elles se tiennent sur les marais, et font entendre un certain bourdonnement assez agréable. La délicatesse de leur chair est justement estimée.

Depuis la pointe du bec jusqu'à celle de la queue, la bécassine a environ dix pouces de longueur; la tête est divisée par deux raies longitudinales noires, et trois rougeâtres, dont une passe sur le sommet, et deux au-dessus des yeux; le cou est varié de brun et de rougeâtre; les scapulaires sont tachetées de noir et de jaune; les pennes des ailes sont noirâtres; les bords des premières et l'extrémité des secondaires sont blancs; ces dernières et le dos sont rayés de noir et de rouge pâle; la poitrine et le ventre sont blancs; les couvertures de la queue sont larges, d'un brun rougeâtre, et la couvrent en entier lorsqu'elle est pliée. Cette queue est composée de quatorze pennes noires avec des raies transversales d'un orange foncé; le bas-ventre est d'un jaune terne; le bec est noir à la pointe, il a près de trois pouces de long; la langue est aiguë, et les yeux sont couleur de noisette. Les pieds sont d'un vert pâle, les doigts très longs, et les serres noires.

La petite bécassine a le vol plus doux et plus régulier que l'espèce commune; les chasseurs

français lui ont donné le nom de sourde, parce
qu'il faut presque marcher sur elle pour la faire
lever.

LA BÉCASSE.

La bécasse passe l'été dans la Norwége, la
Suède, la Laponie et d'autres pays du nord: elle
y niche; dès que la température commence à se
refroidir, elle se met en route et se dirige vers
des contrées plus méridionales. Quelques individus se montrent dès le mois d'octobre, mais
les grands corps n'arrivent qu'en novembre ou
décembre. On les voit très fatigués de leur long
voyage. La plus grande partie nous quittent à la
fin de février ou au commencement de mars,
après l'appariement, les vents contraires les arrêtent quelquefois, et retardent leur retour. Depuis quelque temps les bécasses sont plus rares
en Angleterre: leurs œufs seraient-ils devenus
un objet de luxe pour les Suédois?

La bécasse est presque aussi grosse qu'un pigeon; son bec a près de trois pouces de long. La

couronne de la tête et le derrière du cou sont
rayés de noir ; une bande de la même couleur
passe du bec aux yeux. Elle fait un grand bruit
en déployant ses ailes; son vol est fort rapide,
mais elle ne s'élève pas beaucoup, et ne se tient
pas long-temps dans l'air; elle descend avec une
telle précipitation, que l'on croirait voir tomber
une pierre d'une certaine hauteur. Dans un bois
peuplé de hauts arbres, elle file assez droit;
mais dans les taillis, elle est souvent obligée de
se détourner, et de se jeter derrière un buisson,
pour se soustraire à la vue de l'oiseleur.

Elle se nourrit principalement de vers et d'insectes qu'elle retire de la vase au moyen de son
long bec. Sa chair est généralement estimée.

LE PIED-ROUGE.

CET oiseau pèse près de cinq onces, et n'a
guère plus de dix pouces de long. Le bec, de deux
pouces de longueur, est rouge à sa base, et noir
vers la pointe; la tête, le cou, et les scapulaires

sont couleur de cendre foncée , tachetée de
noir ; le dos est blanc , marqué de noir ; la poitrine et le ventre sont d'un blanc rayé de lignes
obscures ; la queue est élégamment rayée de noir
et de blanc, et ses longues jambes sont d'un
orangé clair ; d'où l'oiseau a tiré son nom. Il
niche dans les marais, et la femelle pond quatre
œufs blanchâtres, nuancés d'olive, et marqués au
gros bout de taches noires irrégulières. Quand
son nid est menacé, elle fait un bruit assez semblable à celui du vanneau.

Le PIEDS-VERTS est un oiseau de la même espèce que le précédent ; il ne diffère que par la
couleur de ses jambes qui sont vertes, au lieu
d'être rouges.

Ils se tiennent tous les deux sur les côtes de
la mer, ou aux bords des rivières.

LE VANNEAU.

Le vanneau , ou le pluvier bâtard , est de la
grosseur d'un pigeon ordinaire ; il est couvert

d'un plumage épais, noir à sa racine, mais de différentes couleurs dans d'autres parties. Les plumes du ventre, des cuisses, et sous les ailes, ont la blancheur de la neige ; la partie extérieure de l'aile est noire au-dessus, et blanche au-dessous ; le dos est d'un vert foncé, relevé par des teintes bleues ; la tête est noire ; la huppe, composée de plumes flottantes, est de la même couleur, et a près de quatre pouces de longueur. Il a un grand foie partagé en deux. Quelques auteurs assurent qu'il n'a pas de fiel.

Les vanneaux se trouvent dans la majeure partie de l'Europe Pendant l'hiver, on les rencontre en Perse, en Égypte.

Ils se nourrissent principalement de vers qu'ils déterrent de leurs trous avec une grande dextérité. Quand l'oiseau trouve un de ces tas de terre en boulette ou chapelet que le ver rejette en se vidant, il le débarrasse d'abord légèrement ; et ayant mis le trou à découvert, il frappe à côté la terre de son pied, et veille attentivement sur l'issue. Alarmé du choc, le ver sort de sa retraite et tombe aussitôt au pouvoir de son ennemi. Vers le soir il change de batterie : il parcourt les prés, et trouve sous ses pieds les vers attirés par les vapeurs de l'atmosphère.

Ces oiseaux font un grand bruit en volant. On leur donne en Angleterre différents noms qui font allusion à leur cri particulier. Ils restent avec nous pendant toute l'année. La femelle pond deux œufs près de quelque marais, sur un petit

lit qu'elle arrange avec du gazon desséché ; ses
œufs sont d'une couleur olivâtre et tachetés de
noir. Elle couve pendant trois semaines ; les
jeunes que recouvre un épais duvet, sont en
état de courir deux ou trois jours après qu'ils
sont éclos. La mère leur témoigne la tendresse
la plus touchante : elle est inépuisable en ex-
pédients pour les prévenir en cas de danger.
Elle n'attend pas que l'ennemi se soit appro-
ché du nid, elle marche courageusement à
sa rencontre ; lorsqu'elle n'ose pas s'avancer
davantage, elle s'élève, jette un grand cri, et
finit par attirer le chasseur de son côté : on la
voit agitée d'une tourmente feinte, poussant
les sons les plus plaintifs, voler autour de l'en-
-nemi, le frapper de ses ailes ; ou quelquefois
traînant l'aile, comme si elle était blessée. Plus
elle est éloignée de ses jeunes, plus sa voix est
bruyante ; si elle se trouve près du nid, elle ne
montre aucun trouble, et ses cris cessent à mesure que sa terreur augmente. A l'approche des
chiens, elle s'élève avec lenteur à une petite
distance devant eux, comme si elle était estro-
piée, et a soin de ne jamais se diriger vers les
quartiers où repose sa jeune famille. Les chiens
la poursuivent, et s'attendent à chaque instant
à la saisir ; mais l'adroit oiseau, après les avoir
conduits à une distance convenable, recourt à
la puissance de ses ailes, et laisse ses persécuteurs étonnés de la rapidité de son vol.

On peut priver les vanneaux : ils deviennent
alors très familiers et confiants.

LE CANUT.

CET oiseau n'a guere plus de huit pouces, et ne pèse qu'environ quatre onces; la tête et le cou sont d'un cendré foncé; le dos et les scapulaires sont bruns, nuancés de raies blanches aux ailes. Les canuts se tiennent sur les côtes de Lincolnshire au commencement de l'hiver, y restent pendant deux ou trois mois, puis repartent par troupes.

Camden prétend qu'ils tirent leur nom du roi Canut, qui en faisait ses délices.

LE COMBATTANT, ou PAON DE MER.

Le combattant a près d'un pied de long; son bec n'a pas un pouce. La face est couverte de tubercules rouges; le derrière de la tête et le cou sont pourvus de longues plumes, dont la forme rappelle ces hautes fraises que portaient nos ancêtres. On trouve rarement deux de ces oiseaux qui soient de la même couleur.

Les couleurs générales du combattant sont brunes, rayées de noir; cependant quelques individus sont blancs. Le dessous du ventre et les couvertures de la queue sont blancs; la queue est assez longue; les plumes intermédiaires sont rayées de noir, les autres sont d'un brun pâle. Les jambes sont d'un gros jaune; les ongles sont noirs. La femelle que l'on appelle le reeve, est plus petite que le mâle, et n'a point de fraise autour du cou.

Les mâles sont beaucoup plus nombreux que

les femelles : cette disproportion est la cause de continuels combats.

Les mâles se réunissent en grand nombre sur le rivage, choisissent un poste, et à force de courir en rond, finissent par former un cercle bien tracé ; la femelle arrive à son tour : aussitôt qu'elle se montre, tous les mâles commencent une bataille générale, baissant leur bec à terre et déployant leur fraise : on dirait voir un combat de coqs. Les chasseurs profitent de ce moment ; dans la mêlée, ils en prennent beaucoup. La captivité n'amortit pas l'animosité de ces oiseaux ; dans la volière même ils combattent pour la possession du terrain qu'ils se sont choisi. Comme en plein air ils combattent pour leurs amours, ils se battent de même pour leur nourriture : tout est pour eux un sujet de combat.

Les paones ou reeves pondent quatre œufs vers le commencement de mai ; les jeunes sont éclos au bout d'un mois. On ne sait pas bien où ces oiseaux passent l'hiver.

LA GUIGNETTE.

Il y a plus de quarante espèces de guignettes ; nous ne parlerons que des plus remarquables.

La guignette commune est un oiseau solitaire : il ne s'associe que dans le temps des amours ; on ne le trouve jamais près de la mer ; il ne se tient que près des rivières, des lacs et des eaux courantes. La tête est brune, rayée vers le bec de lignes noires ; le cou est d'une couleur cendrée obscure; le dos et les couvertures des ailes sont d'une couleur brune, mêlée d'un vert lustré, et nuancée élégamment de lignes transversales d'une teinte sombre; la poitrine et le ventre sont d'un blanc pur, les couvertures et les pennes des ailes sont brunes; les pieds et les ongles sont d'un brun verdâtre.

La BRUNETTE, oiseau de la même espèce, se trouve sur nos côtes : on la distingue aisément des autres espèces; elle est un peu plus grosse que l'alouette; la tête, le dessus du cou et le dos sont d'une teinte ferrugineuse, nuancée de grandes taches noires; le dessous du cou est blanc, barré de courtes raies obscures; le ventre est blanc, bigarré de grosses taches noires, ou interrompu par un plastron noir vers les cuisses. La queue est cendrée, de même que les couvertures des ailes; les jambes sont noires, les doigts divisés à leur origine.

La femelle pond quatre œufs d'un blanc sale, avec un cercle roux autour du gros bout, et quelques petits points de la même couleur vers le bout opposé.

La troisième variété est l'ALOUETTE DE MER : elle a près de cinq pouces de long; la tête et la partie postérieure du cou sont d'une couleur cendrée, nuancée par des raies obscures; une bande blanche sépare le bec et les yeux; le dos est d'un brun cendré; la poitrine et le ventre sont blancs; les couvertures des ailes et la queue sont d'un brun sombre; les couleurs du bord

sont plus claires; le dessus des pennes est d'une
couleur sombre, le dessous est blanc; les jambes
sont d'un vert obscur, et les doigts sont divisés
à leur origine. Le bec a plus d'un pouce de long:
il est noir et effilé. Pendant l'hiver, ces oiseaux
visitent nos côtes par troupes immenses; ils
nous quittent au printemps. Ils forment, en volant, leurs évolutions avec la plus grande régularité, et semblent de loin une nuée blanche ou
obscure, selon qu'ils nous montrent leur dos ou
leur poitrine.

L'espèce la plus singulière est celle que l'on
distingue sous le nom de TOURNE-PIERRE. Cet oiseau est de la taille de la grive, et a le bec noir
à peu près long d'un pouce, et un peu tourné à
l'extrémité; le corps est noir, nuancé de blanc
et de couleur de rouille vers les parties supérieures; la poitrine et le ventre sont blancs;
les jambes sont courtes et orangées. On le trouve
dans différentes parties de l'Angleterre et de
l'Écosse, ainsi que de l'Amérique du nord. La
femelle fait son nid dans le sable; elle pond
trois ou quatre œufs couleur olive, tachetés de
blanc. Dans le temps de la couvée, elle a assez
de courage pour attaquer les chiens et même
l'homme, s'ils s'approchent de son nid. Le tourne-
pierre tire son nom de ses habitudes de déran-
ger les pierres pour déterrer les vers et les insectes. Catesby a vu un de ces oiseaux, au moyen
de la mandibule supérieure de son bec, déran-
ger des pierres de trois livres pesant.

LE GUIGNARD.

Le guignard a plus de neuf pouces de long; il a le bec noir, la gorge blanche, la poitrine orange, le dos et les ailes d'un brun clair, le ventre blanc roussâtre, et les jambes olives. C'est un oiseau de passage : il arrive dans plusieurs parties de l'Angleterre vers le mois d'avril; il y reste jusqu'en juin. On dit qu'il niche dans les montagnes de Vestmoreland et de Cumberland. Sa chair est fort bonne dans certaines saisons. Il a la singulière habitude d'imiter de son nid tous les mouvements des chasseurs qui le poursuivent de nuit au flambeau. Ce talent d'imitation lui est souvent funeste, et hâte sa capture.

LE PLUVIER A LONGUES JAMBES.

CE singulier oiseau habite le sud de l'Europe, de l'Asie, de l'Afrique et de l'Amérique ; il ne visite que rarement l'Angleterre. Il a le bec effilé, noir, et long de près d'un pouce. L'iris est rouge, le front, le tour des yeux, et toutes les parties supérieures, sont blancs ; le dos, le sommet de la tête, et les ailes, sont d'un noir lustré ; le derrière du cou est marqué de taches sombres ; le croupion est blanc ; la queue, de la même couleur, tire sur le gris ; les plumes extérieures sont entièrement blanches ; les jambes sont rouges, le doigt extérieur et celui du milieu sont unis à leur base.

Cet oiseau est sur-tout remarquable par la longueur disproportionnée et monstrueuse de ses jambes. M. Whit nous a laissé une belle description de ce phénomène de la nature.

« Dans la dernière semaine du mois d'avril » de l'an 1779, » dit-il, « on tira cinq de ces » oiseaux entre la forêt de Verlen et de Farnhan: » je m'en procurai un. Les jambes me parais-

» saient d'une longueur si extraordinaire , qu'à
» la première vue je m'imaginais qu'elles n'é-
» taient pas naturelles, et qu'on les avait atta-
» chées au corps de l'oiseau pour en imposer
» aux curieux : l'imagination la plus fantasque
» ne saurait créer de disparate plus frappante.

» Cet oiseau mérite à juste titre le nom de
» pluvier échassier. Le mien, rempli de poivre,
» ne pèse guère plus de quatre onces, quoique
» la partie nue des cuisses ait plus de treize
» pouces de long. Nous pouvons hardiment assu-
» rer qu'aucun autre oiseau n'a les jambes aussi
» longues, sur-tout eu égard à son poids. Le fla-
» mand est un des oiseaux les plus haut montés;
» mais il ne peut entrer en comparaison avec le
» hiématopus, nom sous lequel les naturalistes
» désignent cet oiseau: le flamand pèse quatre
» livres, et ses jambes et ses cuisses ont ordi-
» nairement vingt pouces de long. Or , quatre
» livres sont seize fois plus que quatre onces: si
» un corps de quatre onces à des jambes de sept
» à huit pouces de long, un corps de quatre li-
» vres devrait avoir plus de cent huit pouces ,
» ou plus de neuf pieds: cette monstrueuse pro-
» portion n'existe nulle part dans la nature.

» Ce doit être un singulier spectacle de voir
» l'échassier se mouvoir; comment peut-il avec
» ses muscles aussi faibles avancer des jambes
» aussi longues? il ne peut qu'être mauvais
» marcheur; il doit être sujet à de perpétuelles
» vacillations, et ne prendre que rarement un
» vrai centre de gravité. »

LE PLUVIER VERT.

CET oiseau qu'on appelle aussi le pluvier doré a plus de dix pouces de long; il a le bec court, rond, noir, aigu et un peu crochu; la langue, qui remplit tout l'intérieur du bec, est d'une forme triangulaire; la pointe est cornée en dessous, et un peu relevée. Les plumes du dos et des ailes sont noires, coupées par des taches transversales d'un vert jaunâtre; la poitrine est brune, tachetée de vert et de jaune; le ventre est blanc; et de même que le pluvier échassier, il n'a point d'ongle de derrière ou d'éperon.

Ces oiseaux se trouvent en France, dans la Suisse, l'Italie et dans plusieurs comtés de l'Angleterre; par-tout leur chair est recherchée; elle est très tendre et d'une excellente saveur.

Ils se nourrissent principalement de vers, quoique quelques auteurs aient absurdement affirmé qu'ils ne vivaient, comme les sauterelles, que de rosée.

Les anciens appelaient cet oiseau du nom de pardal, en raison de ses belles taches qui ressemblent en quelque sorte à celles du léopard.

Le PLUVIER A COLLIER, également appelé l'alouette de mer, ne pèse que deux onces, et a près de sept pouces de long. Le bec, d'où passe une raie blanche jusqu'aux yeux, a près d'un pouce de largeur. Un collier blanc entoure le dessus du cou, un collier noir le dessous; la poitrine et le ventre sont blancs; le dos et les

ailes sont d'un brun clair, et les jambes jaunes.
Pendant l'été on le voit sur nos côtes ; d'où lui
vient le nom d'alonette de mer.

Il y a une autre espèce de pluvier désignée sous
le nom de SANDERLING : il n'a guère plus de sept
pouces de long et ne pèse que deux onces ; il
habite différentes parties des deux continents,
et se trouve en grand nombre sur quelques côtes
de l'Angleterre. Ce pluvier a le bec effilé, long
de près d'un pouce ; la tête et le cou sont de
couleur cendrée, nuancée de raies noires ; les
ailes et e dos, d'un gris brunâtre, sont bordées
de blanc ; tout le dessous du corps est blanc.

LA POULE D'EAU.

CE genre est considéré par les naturalistes
comme réunissant l'ordre des nageurs à celui
des plongeurs. Les individus qui le composent
ont les jambes et le cou longs des derniers, et la
membrane qui réunit leurs doigts, les rend
propres à la nage comme les premiers. La poule

d'eau et la foulque sont les espèces principales.
Quelques naturalistes trop faciles à se laisse
entraîner par de faibles nuances, ont fait de ce
deux espèces deux classes différentes; mais à
bien considérer la ressemblance exacte de la
forme des plumes et des habitudes, elles doivent
être regardées comme ne faisant qu'une seule et
même classe. Elles ont l'une et l'autre de longues jambes, et les cuisses nues et dépourvues
de poils et de plumes; leur cou, leur bec, leurs
ailes ont les mêmes proportions ; leur couleur
est également noire; et toutes deux ont le duvet
de la tête nu et privé de plumes: il y a la même
ressemblance dans la conformation du corps ;
elles ne diffèrent l'une de l'autre, qu'en ce que
la poule d'eau ne pèse qu'environ quinze onces
et la foulque près de vingt-quatre. La p aque
frontale n'a pas non plus la même teinte ; on
remarque aussi que tous les doigts de la poule
d'eau sont bordés d'une membrane droite, tandis
que la membrane de la foulque est plus large
et en forme de pe onele; mais ces nuances sont
trop légères pour établir une classification à part.

Les oiseaux de l'espèce de la grue sont pourvus
de longues ailes, et peuvent aisément changer
de place ; mais la poule d'eau, qui a des ailes
fort courtes, ne peut guère s'éloigner des endroits où elle trouve sa pâture : les longs voyages
de la grue seraient au-dessus de ses forces ;
aussi ne quitte-t-elle jamais le bord des étangs
et des rivières où elle cherche ses provisions.

Est-ce par le sentiment de sa faiblesse, ou par ses propres inclinations, c'est ce qu'il n'est pas permis de décider. Elle construit son nid de roseaux et de joncs entrelacés ; elle les pose sur des arbrisseaux tout au bord de l'eau. Ses œufs, au nombre de sept, sont très pointus au bout, blancs, avec une teinte de vert et de rouge. Elle fait deux ou trois pontes pendant l'été ; dès que les petits sont éclos, ils suivent la mère qui les mène à l'eau. Elle ne les soigne qu'autant que leur faiblesse ne leur permet pas de pourvoir d'eux-mêmes à leur subsistance. La poule en volant a les jambes baissées, et dans sa course elle a le plus souvent l'aile déployée en éventail, de manière à mettre en évidence les plumes blanches.

LA FOULQUE, ou LA MORELLE.

La foulque a entre quatorze et quinze pouces de long : elle ne se tient que dans les grandes rivières et dans l'éloignement de l'homme. La

poule d'eau semble préférer les lieux habités :
elle aime à se tenir près des étangs, des pièces
d'eau, dans le voisinage de quelque maison de
campagne; mais la foulque se tient dans les rivières, dans les lacs; elle compose son nid des
plantes que l'eau lui fournit, et dépose ses œufs
sur des roseaux flottants sur la surface, et s'é-
levant et baissant avec l'eau. Ces roseaux sur
lesquels le nid est posé, le soutiennent assez
pour l'empêcher de tomber dans l'eau; cependant
si ce malheur arrive, accident qui n'est pas fort
rare, la foulque se place dans son nid, comme
les mariniers dans un bateau, et se servant de
ses pieds en guise de rames, elle navigue vers
un port voisin; là elle conserve sa position sans
s'inquiéter de la force du torrent; et quoique
l'eau pénètre dans son nid, elle continue à cou-
ver ses œufs dans la plus parfaite tranquillité.
Elle se nourrit d'insectes d'eau et de petits poissons, de racines de joncs; on dit qu'elle mange
aussi des graines.

La poule d'eau n'est pas voyageuse: la foulque
fait de longues traversées sur l'eau; ses voyages
l'exposent à mille dangers. Comme elle ne peut
pas s'élancer dans l'air, le chien et l'homme la
chassent facilement; la loutre l'attaque et la détruit dans l'eau; le milan, le faucon, l'épient et
fondent sur elle du haut des airs; et le plus souvent elle se trouve prise par les éperviers des
pêcheurs.

C'est ordinairement pendant l'hiver qu'elle

fait ses expéditions maritimes. Dans cette saison,
le canal près de Southamton est souvent entièrement couvert de ces oiseaux.

La grande morelle est plus grande que la
foulque commune; son plumage est plus noir.
Elle se trouve en abondance sur tout le continent; elle est fort commune en Russie et dans
la Sibérie.

LE RALE D'EAU.

Le rale d'eau qu'on nomme aussi merle d'eau
corbeau d'eau, ou piet, appartient au genre d.
l'étourneau; il est de la grosseur du merle; so.
bec est noir et très droit ; les paupières son!
blanches; le dessus de la tête et du cou est d'un
brun foncé; les autres parties supérieures, le
ventre et la queue sont noirs; le menton, le devant du cou et la poitrine sont blancs ou jaunâtres; les jambes sont noires.

Cet oiseau se tient ordinairement près des
sources et des ruisseaux; il choisit de préférence
les eaux vives et courantes dont la chute est rapide et le lit entrecoupé de pierres et de frag-

ments de roches. Ses habitudes sont fort singu-
lières. Les oiseaux aquat'ques qui ont les pieds
palmés, nagent sur l'eau ou se plongent ; ceux
de rivage, montés sur de hautes jambes nues, y
entrent assez avant sans que leur corps y trempe ;
le merle d'eau y entre tout entier en marchant
et en suivant la pente du terrain ; on le voit se
submerger peu à peu, d'abord jusqu'au cou, et
ensuite par-dessus la tête qu'il ne tient pas plus
élevée que s'il était dans l'air ; il continue de
marcher sous l'eau, descend jusqu'au fond et
s'y promène comme sur le rivage sec. M. Herbert
qui observa exactement un de ces oiseaux au
moment qu'il se plongeait dans le lac de Nantua,
et qui communiqua ce fait à M. de Buffon, ajoute
ces mots. « J'observais que toutes les fois qu'il
» entrait dans l'eau plus haut que le genou, il
» déployait ses ailes et les laissait pendre jus-
» qu'à terre ; je remarquais encore que tant que
» je pouvais l'apercevoir au fond de l'eau, il me
» paraissait comme revêtu d'une couche d'air
» qui le rendait brillant ; semblable à certains
» scarabées qui dans l'eau sont toujours enve-
» loppés d'une bulle d'air. Peut-être n'abaissait-
» il ses ailes en entrant dans l'eau, que pour se
» ménager cet air ; mais il est certain qu'il n'y
» manquait jamais, et il les agitait comme s'il
» eût tremblé ». Ajoutons que les jeunes, avant
d'être entièrement couverts de plumes, marchent dans l'eau avec autant d'assurance que
les vieux.

On trouve les merles d'eau dans plusieurs parties de l'Europe. La femelle fait son nid sur le rivage gazonneux de la mer ; elle lui donne une couleur tellement semblable à celle des objets environnants, qu'il est difficile de le découvrir. Elle pond cinq œufs blancs, nuancés d'un beau roux.

Cet oiseau pique quelquefois les vers sur le bord de l'eau. Quand il est poursuivi, il déploie les ailes et fait un grand bruit. Sa chair, au printemps, est, dit-on, d'un goût fort agréable.

Dans quelques contrées, on le regarde comme un oiseau de passage.

LE SECRÉTAIRE, OU LE MESSAGER, Voy. tome I, page 222.

HISTOIRE NATURELLE

DES POISSONS.

Nous quittons les habitants légers et industrieux de l'air, pour nous occuper du peuple immense des eaux. En abordant l'histoire des oiseaux, nous avons exprimé notre profonde admiration de voir des êtres animés se soutenir dans l'atmosphère; le même sentiment doit nous pénétrer en considérant le nombre immense et varié des peuples de l'Océan.

Quelle force de combinaisons sublimes dans la puissance créatrice, pour placer la vie et toutes les jouissances de la vie, dans une sphère aussi dense que l'eau, où l'homme, le quadrupède et l'oiseau trouvent une mort inévitable.

Cependant l'immensité des mers renferme des myriades d'êtres animés dont nous ignorons entièrement la forme, le caractère et les habitudes. Malgré les veilles studieuses des savants, et les progrès hardis de la navigation, les espèces inconnues des poissons sont bien plus nombreuses que celles qu'il a été permis à l'homme d'observer jusqu'ici.

La structure du poisson, sa conformité avec l'élément dans lequel il est destiné à vivre, sont des preuves éminentes de la sagesse divine. La plupart des poissons ont la même forme extérieure, aplatie aux deux extrémités, et relevée au milieu. Au moyen de cette conformation, ils traversent les plaines des eaux avec plus d'aisance et de rapidité. L'homme qui, dans ses découvertes mêmes, ne fait que des emprunts à la nature, a pris, de la forme du poisson, la première idée de ces vaisseaux qui fendent la mer avec tant de célérité; mais le meilleur voilier, favorisé du vent, restera bien au-dessous encore de la vélocité du poisson. Cinq ou six lieues par heure sont déjà une course bien rapide pour un vaisseau; cependant les poissons de la grande espèce l'ont bientôt atteint et dépassé, sans le moindre effort, et ne faisant que se jouer autour du bâtiment.

Les nageoires des poissons ont différents noms, suivant la place qu'elles occupent. Les pectorales sont situées à peu de distance des ovies : elles sont grandes et fortes, et servent non moins à tenir le corps en équilibre, qu'à favoriser les mouvements du poisson. Les ventrales sont placées vers les parties inférieures du corps sous le ventre, et ne servent qu'à soulever le poisson dans l'eau. Les dorsales placées sur la carène dorsale, partagent les fonctions des nageoires pectorales; les anales placées au-dessous de la queue, permettent au poisson de se dresser.

On a long-temps cru que les poissons ne possédaient les facultés animales qu'à un très faible

degré; mais de nombreuses expériences ont
prouvé qu'ils possèdent tous les organes nécessaires, de la vue, de l'ouïe, de l'odorat et du
toucher, dans une proportion égale avec les quadrupèdes et les oiseaux.

La voracité est le caractère particulier et ordinaire des animaux aquatiques; ceux à longue
gueule poursuivent tous les êtres vivants; souvent ils s'attaquent entre eux, et le plus fort
dévore son antagoniste. Pour contrebalancer
cette voracité, ils sont d'une fécondité prodigieuse. Quelques uns sont vivipares, d'autres
ovipares; les premiers sont les moins prolifiques.
Les ovipares, obligés d'abandonner leurs œufs
à leur destinée, les déposent au fond des eaux
basses, ou les laissent flotter sur la surface des
eaux profondes; et leur fécondité semble se
multiplier en raison de la destruction qui les
menace continuellement.

Les naturalistes assurent que le frai de la
morue monte à plus de neuf millions d'œufs par
saison; le carrelet en produit communément
près d'un million, et le maquereau plus de cent
mille. Sur cent de ces œufs, il y en a tout au
plus un seul qui réussisse: dans les eaux basses
ils sont dévorés par les oiseaux aquatiques, et
dans les hautes eaux, par les grands poissons.
Sans ces nombreux ennemis qui arrêtent leur
prodigieux accroissement, les poissons absor-
beraient la nature entière; l'Océan serait trop
étroit pour les contenir: mais, grâce à sa des-

truction partielle d'un côté, et à sa prodigieuse multiplication de l'autre, l'espèce répare sans cesse ses pertes et conserve son rang dans la chaîne de la nature.

Les poissons, de même que les animaux de terre, vivent solitaires ou attroupés ; les uns, comme la truite, le saumon, voyagent pour déposer leur frai ; parmi les poissons de mer, la morue et les harengs s'assemblent par colonnes immenses et font de longs trajets sur l'Océan.

D'après le système de Linnée publié par Gmelin les poissons sont divisés en six ordres : 1° les apodaux qui n'ont point de nageoires ventrales, comme l'anguille ; 2° les jugulaires qui ont les nageoires ventrales placées devant les pectorales, comme la morue ; 3° les thoraciques dont les nageoires ventrales sont placées sous les pectorales, comme le turbot, le maquereau, la perche, la sole ; 4° les abdominaux qui ont les nageoires ventrales placées en arrière des pectorales, comme le saumon, le hareng, la carpe ; 5° les branchiostèges qui n'ont point de rayons à la membrane des branchies, comme le brochet ; 6° les chondroptérygiens qui ont des branchies cartilagineuses, tels que l'esturgeon, la lamproie.

Comme cette classification réunit souvent des individus d'une forme bien différente, nous ne la suivrons pas à la lettre.

LA BALEINE.

La baleine, le plus grand de tous les monstres marins, appartient à l'ordre des cétacées. Elle est vivipare. Les anciens lui donnaient six cents pieds de longueur: on ne trouve guère à présent que des baleines de cinquante à quatre-vingt pieds au plus; la guerre continuelle qu'on leur fait, les empêche de prendre tout leur accroissement: celles de la zône torride sont les plus grosses. La baleine n'a pas de nageoires au dos. La tête, d'une taille énorme, fait environ le tiers de la longueur totale du poisson; la lèvre inférieure est beaucoup plus considérable que la supérieure; les yeux sont petits en proportion du corps; la langue est d'une nature graisseuse; elle peut donner entre cinq ou six barils d'huile. Le gosier est très petit pour un si énorme poisson: il n'a pas quatre pouces de large. La baleine jette l'eau à une grande hauteur, de deux orifices placés au milieu du front, sur-tout lorsqu'elle est blessée.

Ce poisson n'a point de couleur uniforme: les

uns ont le dos rouge et le ventre blanc; d'autres sont noirs ou mouchetés, et d'autres encore sont entièrement blaues. Dans l'eau, leurs couleurs sont fort belles, et leur peau est douce et huileuse. Les baleines ne s'appareillent qu'avec celles de la même espèce; elles font leur migration au temps de l'accouplement, et passent par bandes nombreuses d'un ocean à l'autre.

La plus grande fidélité, la plus douce tendresse règne entre le mâle et la femelle; celle-ci ne produit qu'un seul baleineau, après une gestation de neuf ou dix mois. Lorsque le baleineau veut téter, la mère se place sur le côté, à la surface de l'eau; elle l'allaite près de douze mois; et pendant ce temps, elle veille à sa défense avec un courage, avec une assiduité qui ne se dément pas

La baleine trouve sa pâture en nageant rapidement sous la surface de l'eau: elle a la gueule ouverte à une grande dimension; les petits animaux dont elle fait sa nourriture entrent dans sa gueule avec l'eau, et viennent eux-mêmes se faire prendre entre ses fanons; le monstre ferme sa gueule et rejette l'eau en soufflant, et engloutit sa proie.

Les mers du nord sont le théâtre ordinaire de la pêche des baleines; les Anglais frètent plusieurs navires de cent à cent dix-huit pieds de longueur, sur trente de largeur et douze de profondeur; chaque bâtiment est pourvu de six ou sept chaloupes montées d'un harponneur, de quatre rameurs, d'un pilote et d'un patron ; leur équipement consiste en deux ou trois harpons, plusieurs lances, et en six pièces de ligne de cent vingt brasses chacune.

Aussitôt que la baleine est frappée du harpon, elle fuit dans l'abîme avec une violence inconcevable ; si l'on n'a alors soin de larguer la ligne par le milieu de la chaloupe, on court risque de chavirer, et d'être submergé ; il faut aussi filer la ligne en la mouillant sans cesse, de crainte qu'elle ne prenne feu par le mouvement rapide du monstre : il y a deux hommes chargés de ces fonctions préservatives. La baleine remonte sur la surface ; les harponneurs lui assènent de nouveaux coups : lorsqu'on la voit prête à succomber, on fait avancer les chaloupes ; on la perce de coups de lances ; le monstre se débat, se roule dans des flots de sang ; les coups redoublent, la baleine a cessé de respirer.

Quand l'animal est mort, on fait de larges entailles dans sa queue, dans ses branchies ; on la remorque, à tours de câbles, vers le bâtiment ; on l'attache au babord dans tout son long ; alors les dépeceurs mettent des bottes armées de crampons, et descendent sur la baleine. Ils commencent par enlever la queue que l'on hisse sur le tillac ; puis ils taillent le lard par carrés de deux ou trois mille livres, qu'on hisse de la même manière au moyen de cabestans ; ces carrés sont ensuite découpés en parties moins grandes, que l'on jette à fond de cale. Quand

tout le lard du ventre est enlevé, on met la ba
leine sur le côté, et on répète la même opération. Lorsqu'on a fini d'enlever le lard, la langue
et les fanons, avant de laisser aller à la dérive
la carcasse, on lui coupe toute la gencive supérieure qu'on laisse égoutter; l huile qu'elle donne
appartient au capitaine. Toute cette graisse est
ensuite embarquée en nature ou fondue d'abord
dans des chaudières. Quant à la chair, on la
mange rarement: elle est filandreuse, dure et
dégoûtante par l'huile dont elle est imbibée;
cependant il y a quelques parties de la queue
que les matelots, pressés par la faim, trouvent
mangeables.

Au moment où l'on abandonne la baleine, les
oiseaux d'eau s'attroupent sur ses restes inani-
més, et s'en repaissent avec avidité.

Une baleine ordinaire donne environ trente
tonneaux de graisse; celle d'une plus grande
espèce en produit plus de soixante-dix; une de
ces dernières vaut généralement près de 1000 livres sterlings. Un vaisseau chargé de trois cents
tonnes, rapporte en un seul voyage plus de cinq
mille livres.

La pêche de la baleine commence au mois de
mai et continue jusqu'en juin et juillet. Mais,
que l'expédition ait été heureuse ou non, il faut
que les vaisseaux remettent à la voile vers la fin
du mois d'août, s'ils ne veulent pas être surpris
par les glaçons; de manière que dans le mois de
septembre, on est sûr de revoir les pêcheurs de

retour. Ceux qui ont été plus heureux, revien-
nent déjà vers le mois de juin ou de juillet.

L'ESPADON.

QUOIQUE l'espadon appartienne à une espèce
entièrement différente de la baleine, les guerres
continuelles que se font ces deux puissants ennemis, nous ont engagé à rapprocher leur esquisse
historique.

L'espadon ne diffère guère du porte-glaive ;
cependant on en a fait deux espèces distinctes :
l'espadon fait l'objet de cet article.

L'espadon est un animal très grand, puissant
et vorace, qui s'étend quelquefois à une longueur
de dix-neuf à vingt pieds. Le corps est d'une
forme conique, noir sur le dos et blanc sous le
ventre; la gueule est large et dépourvue de dents;
la queue est très fourchue. La propriété particulière de ce poisson consiste dans sa mâchoire
supérieure, prolongée en forme de glaive.

On trouve quelquefois l'espadon sur les côtes
de l'Angleterre; mais il est fort commun sur la

Méditerranée. Les Siciliens estiment sa chair autant que celle de l'esturgeon.

L'espadon est d'une vigueur étonnante. Le vaisseau de guerre le Léopard, au retour d'une croisière, fut frappé par un de ces poissons. Quoique le coup fût donné pendant que le poisson suivait le vaisseau et qu'il fût nécessairement moins fort que s'il eût été donné dans une direction opposée, le glaive pénétra à travers un pouce du doublage, trois pouces du bordage, et entra de près de quatre pouces dans les couples; le glaive se brisa du choc. Pour enfoncer une clavette à la même profondeur dans le bois, il faut ordinairement huit ou neuf coups d'un marteau de vingt-cinq livres pesant; le poisson n'eut besoin que d'un seul coup de son armure. On conserve au musée britannique un bordage de vaisseau qu'un de ces poissons perça de toute la longueur de son glaive, effort qui coûta la vie au monstre.

Ce poisson ne rencontre jamais la baleine, qu'il ne l'attaque aussitôt. Quelquefois deux espadons se réunissent contre la baleine; celle-ci a recours à son énorme queue, mais les espadons esquivent ordinairement ses coups redoutables, et chargent leur ennemie de leurs propres armes : la baleine plonge en vain; elle est poursuivie et serrée de près; enfin elle est forcée de céder le champ de bataille. Les blessures qu'elle reçoit dans le combat, ne pénètrent pas à travers la graisse qui charge son corps; sa défaite n'a pour elle d'autre suite que l'obligation de se retirer.

L'espadon et le porte-glaive sont également insatiables et voraces : ils attaquent tous les êtres vivants qu'ils rencontrent ; leurs armes formidables leur donnent de grands avantages sur tous les autres poissons.

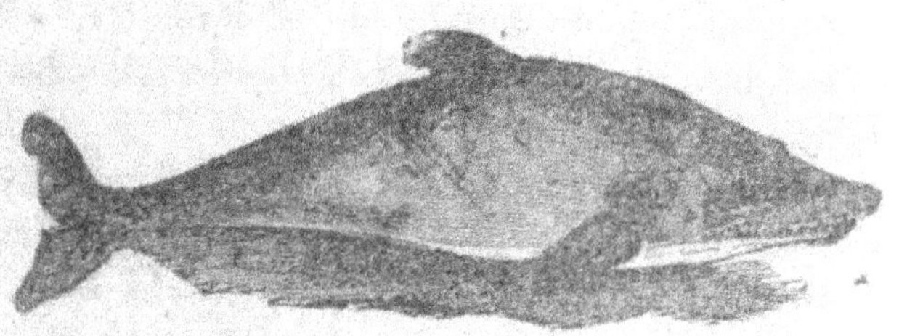

LE DAUPHIN.

C'EST bien à tort que l'on a si souvent dépeint ce poisson sous la figure de la lettre S. Le dauphin est très droit ; son corps n'est que peu courbé ; le museau est long, étroit, terminé en pointe avec une large bande transversale à sa partie supérieure ; la gueule est très large ; elle est garnie de trente-une dents à la mâchoire supérieure et de dix-neuf à l'inférieure ; ces dents, de près d'un pouce de long, sont d'une forme conique à leur extrémité supérieure, et sont très tranchantes ; elles sont placées à quelque distance l'une de l'autre ; de manière que lorsque la gueule est fermée, elles s'emboîtent exactement. L'orifice par lequel le poisson fait

jaillir l'eau , est situé au milieu de la tête. La
queue est en forme de demi-lune ; la peau est
douce au toucher ; la couleur du dos et des flancs
est obscure ; le corps est blanchâtre. Le dauphin
nage avec une grande agilité ; il se nourrit de
poissons , particulièrement de morues, de harengs et de poissons plats. Il est plus long que
le marsouin ; il a entre huit à neuf pieds de longueur , et près de deux pieds de diamètre.

Les dauphins se divisent en plusieurs espèces ;
elles diffèrent l'une de l'autre par leur grosseur,
par le nombre de leurs dents , et par quelques
autres nuances ; mais elles ont toutes des nageoires dorsales, des têtes très larges, les mêmes
appétits, les mêmes habitudes : ils sont également voraces , hardis et destructeurs ; aucun
poisson ne peut leur échapper ; la position favorable de leur gueule sous la tête , leur est d'un
grand secours dans la poursuite de leur proie ;
leur grande agilité les garantit des piéges de
leurs ennemis. On les voit rarement à la surface
de l'eau ; cependant il arrive quelquefois, qu'em-
portés par l'ardeur de la poursuite, ils oublient
le soin de leur conservation, et suivent leur victime jusque dans les filets du pêcheur.

Des colonnes de dauphins suivent fort souvent
les vaisseaux pour s'emparer de ce qui tombe
du bord , ou des coquillages qui s'attachent ordinairement aux côtés des bâtiments. Une de ces
colonnes suivit le vaisseau de sir Richard Haw-
kins à plus de mille lieues. Leurs sauts et leurs

évolutions sur la surface de l'eau, offrent un spectacle amusant. On a vu un dauphin, d'un seul bond s'avancer de plus de dix-huit pieds de longueur.

Les dauphins se tiennent dans l'Océan et dans la mer Pacifique.

Leur chair n'est pas fort agréable; le meilleur morceau se trouve près de la tête. Les dauphins, dit-on, perdent leurs couleurs avant de mourir et les reprennent après leur mort.

Les anciens racontent différents traits d'attachement et de douceur de ce redoutable tyran des mers.

LE MARSOUIN.

Le marsouin a de grands rapports avec le dauphin, mais il est moins gros; son museau est plus large et plus court.

Le marsouin n'a communément que cinq ou six pieds de longueur. Cet animal a le corps fort épais vers la tête, mais beaucoup moins vers la queue; chaque mâchoire est pourvue de quarante-huit dents fort tranchantes, mobiles et disposées de manière que celles des deux mâchoires s'emboîtent l'une dans l'autre; les yeux sont petits, de même que le sommet de la tête. Ces poissons diffèrent entre eux de couleur.

Les marsouins sont très nombreux dans toutes les mers de la grande Bretagne. L'espèce blanche se trouve en grand nombre dans le fleuve Saint-Laurent en Amérique; on les voit presque toujours par troupes de huit à quinze; ils sont aussi agiles que les dauphins, et font des bonds aussi prodigieux. Au milieu des plus violentes tempêtes, le marsouin dompte les vagues et poursuit paisiblement sa course. Il est en horreur aux marins, qui s'imaginent que sa rencontre leur annonce une tempête prochaine.

Ces animaux ne vivent que de petits poissons. Dans les saisons où se montrent les maquereaux, les harengs et les saumons, on voit un grand nombre de marsouins; ils sont tellement acharnés à la poursuite de leur proie, qu'ils suivent souvent les petits poissons jusques dans les eaux vives, d'où ils ont ensuite de grandes difficultés à se retirer.

On a souvent pris des marsouins sur la Tamise. Ils éludent leurs ennemis avec une grande adresse, et reprennent leur position sur l'eau avec une rapidité étonnante. On disperse ordinairement quatre ou cinq chaloupes sur la partie de la rivière où l'on a vu des marsouins, et dès qu'ils s'élèvent on fait feu sur eux. Un seul de ces poissons donne près d'une barrique d'huile, ce qui fait de sa capture un objet considérable.

On prétend que lorsqu'un marsouin est blessé, ses camarades se jettent tous sur lui et le dévorent aussitôt.

LE SQUALE BLANC,

OU LE SQUALE REQUIN.

La famille des requins se compose de plusieurs espèces. À leur tête se place le squale requin, le plus formidable et le plus féroce des monstres de la mer. Sa gueule énorme est armée de six rangs de dents plates, triangulaires, dentelées sur leur bord, et blanches comme l'ivoire, que l'animal, par la force de ses muscles, couche en arrière ou redresse à sa volonté; tout le corps, ainsi que les nageoires, sont d'une couleur cendrée. Lorsque le requin a la gueule ouverte, les yeux en un sens oblique, et qu'il agite ses nageoires larges, fortes, semblables à la crinière du

lion, il offre l'expression la plus forte de la férocité.

Il nage avec une rapidité qui glace d'effroi ses
victimes : ses nageoires, sa queue, sont pourvues
d'une grande vigueur musculaire.

Ces poissons sont la terreur des matelots : ils
suivent toujours les vaisseaux, dans l'espérance
de quelque proie. Si un homme a le malheur de
tomber dans l'eau, sa mort est inévitable : la
seule chance de salut possible, c'est de profiter
du moment où le monstre se jette sur le côté
pour se saisir de sa victime.

Lors des pêches de perles, dans l'Amérique du
sud, les nègres, pour se défendre de cet animal
redoutable, portent avec eux sous l'eau un couteau bien aigu ; et dès que le monstre se présente, ils tâchent de lui enfoncer cette arme
dans le ventre Les officiers qui se trouvent sur
les vaisseaux, exercent une grande vigilance sur
ces poissons voraces, afin qu'à leur approche ils
puissent pourvoir à la sûreté des nègres. Il arrive
souvent que, pour sauver des plongeurs menacés, les officiers se précipitent dans l'eau, armés
de massues, et attaquent le monstre ; mais le
plus souvent la voracité du requin a prévenu
leur adresse et tous leurs soins.

L'ESTURGEON.

L'ESTURGEON, au premier abord, semble un
des plus redoutables habitants de l'onde, mais
ici sur-tout l'apparence est trompeuse. De tous
les grands poissons, l'esturgeon est le moins à
craindre et celui dont les mœurs sont les plus
pacifiques.

Le corps atteint souvent seize à dix-huit pieds
de longueur ; il est d'une forme prodigieuse ;
cinq rangs longitudinaux de tubercules osseux
partent de la tête, et s'étendent jusqu'auprès de
la nageoire de la queue, excepté le rang du milieu qui se termine à la nageoire dorsale. Ces
plaques rayonnées et osseuses sont terminées par
une pointe recourbée et tournée vers la queue.
Le museau est long, obtus à son extrémité ; l'ouverture de la bouche est placée au-dessous de
ce museau ; entre cette ouverture et le bout du
museau se trouvent des barbillons très minces,
très mobiles, et semblables à de petits vers ; des
cartilages assez durs garnissent les mâchoires,
et tiennent lieu de dents ; la lèvre supérieure
est, ainsi que l'inférieure, divisée au moins en

deux lobes, et l'animal peut les avancer ou les retirer à sa volonté

On dit qu'il se tient souvent caché près des côtes de la mer, au milieu des plantes marines, ou à l'embouchure des fleuves, entre les plantes fluviatiles, ne laissant en évidence que ses longs barbillons qui, par leur ressemblance avec des vers, attirent les petits poissons et les insectes marins jusqu'auprès de sa gueule. On prétend qu'il déracine avec son museau, comme le cochon fait avec le sien, les végétaux au fond de la mer ou des fleuves; il nous semble cependant que les longs barbillons du museau doivent rendre cette opération très pénible.

Comme il n'a pas de dents, il est probable qu'il ne vit que de succion, et dans ceux que l'on a pris sur mer, on a communément trouvé l'estomac rempli d'insectes marins.

Sa chair est un mets délicieux ; le fameux caviar, ce morceau si recherché, si délicat, est fait de laites d'esturgeon.

On trouve l'esturgeon dans les mers d'Europe et d'Amérique. A l'approche du printemps, ils quittent leur retraite maritime, et vont frayer dans les rivières. Depuis le mois de mai jusqu'à celui de juillet, les fleuves de l'Amérique sont remplis d'esturgeons.

Ils remontent annuellement nos fleuves en été; mais jamais en grand nombre. Il y a une trentaine d'années qu'on a pris sur l'Esk un esturgeon de cent seize livres.

Comme ce ne sont pas des animaux voraces, ils ne mordent pas à l'hameçon, et on ne les prend que par des filets que l'on place vers l'embouchure de la rivière, et que l'on a soin d'assurer contre les mouvements de la marée; quand on sort l'esturgeon de l'eau, il faut bien prendre garde à sa queue, elle est capable de tuer un homme d'un seul coup.

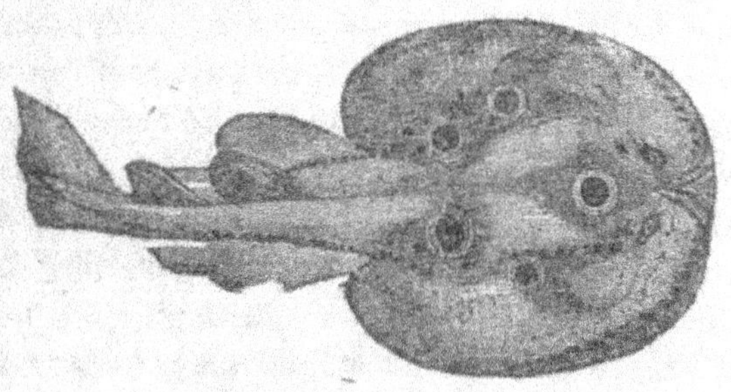

LA RAIE TORPILLE.

La raie torpille ne diffère presque en rien des autres raies quant à ce qui concerne la structure du corps; mais des vingt-deux espèces que l'on connaît, elle mérite une attention particulière par la singulière propriété dont l'a douée la sagesse prévoyante de la nature.

De chaque côté des branchies, est un organe électrique qui passe depuis le bout du museau jusqu'à ce cartilage demi-circulaire qui fait partie du diaphragme, et s'étend longitudinalement depuis l'extrémité intérieure de l'animal jusqu'au cartilage transversal qui sépare la cavité de la poitrine de celle de l'abdomen : ces organes remplissent ainsi tout l'espace compris entre la peau de la partie supérieure et celle de la partie inférieure.

Chaque organe a environ cinq pouces de longueur et près de trois de largeur à son extrémité antérieure. Ils sont composés de tubes perpendiculaires à la surface du poisson, et dont la hauteur varie souvent l'épaisseur correspondante de la partie du corps. Ces instruments électriques, une des facultés les plus extraordinaires dans la nature, et l'objet de l'admiration des savants, servent à la conservation de l'animal. Au moyen des fluides que recèlent les organes, la torpille imprime une commotion soudaine et paralysante à l'animal le plus terrible, qui vent la dévorer, en même temps qu'elle engourdit pour des instants assez longs les poissons les plus agiles dont elle cherche à se nourrir.

Il arrive assez souvent qu'une personne en touchant avec les doigts une torpille, se ressente aussitôt frappée aux bras, aux coudes, quelquefois même aux épaules, et à la tête d'un malaise extraordinaire et d'une sorte d'engourdissement. Le premier moment est celui où le coup a le plus de force; mais l'effet diminue peu à peu et finit enfin par s'éteindre entièrement.

Il faut toucher la torpille pour éprouver sa puissance électrique: on peut impunément passer la main près du corps: si on la touche avec un bâton, la sensation n'est pas bien forte; si on

touche la torpille, par l'intermédiaire d'un corps
bien mince, l'engourdissement est très sensible;
si on appuie fortement la main, la commotion
est moins forte, cependant on est contraint de
lâcher prise subitement.

La tête de la torpille a presque la forme cir-
culaire; la peau est douce au toucher, d'une
couleur obscure en-dessus et blanche en-dessous; les nageoires ventrales forment de chaque
côté, à l'extrémité du corps, une sorte de quart
de cercle; la queue est courte; les nageoires dorsales sont placées près de l'origine de la queue;
la bouche est petite; et comme dans toutes les
autres espèces de raies, il y a, de chaque côté,
cinq larges ouvertures.

Les torpilles se trouvent dans plusieurs mers
d'Europe, et les pêcheurs en prennent souvent
dans la baie de Torbay, qui pèsent près de vingt-
huit livres; elles se tiennent préférablement
dans les fonds vaseux à quarante brasses d'eau
environ.

Elle produit ses jeunes en automne.

L'ANGUILLE ÉLECTRIQUE.

Nous ne plaçons l'anguille électrique ou gymnote immédiatement après la torpille, qu'en raison de la ressemblance de leur puissance électrique; du reste, elles n'appartiennent pas à la même classe.

Quelques espèces du genre des gymnotes se tiennent dans les eaux fraîches, d'autres peuplent l'Océan, et toutes, à l'exception de trois, appartiennent au nouveau continent. L'espèce qui fait le sujet de cet article est commune dans l'Amérique du sud, où elle ne se trouve que dans les parties rocheuses des rivières, loin de la mer.

Elle a un peu plus de trois pieds de long, et plus de dix pouces de circonférence dans la partie la plus large du corps; elle a la faculté de nager aussi bien en arrière qu'en avant. Quant aux couleurs, elle ne diffère pas de l'anguille

ordinaire. La tête est aplatie, la bouche large,
mais dépourvue de dents; depuis l'extrémité de
la queue jusqu'à près de cinq pouces de la tête,
s'étend une forte nageoire qui a près d'un pouce
d'épaisseur à sa jonction avec le corps. Les divisions annulaires, ou pour mieux dire, les rides
de la peau feraient croire que ce poisson parti-
cipe de la nature des vers, et jouit de la faculté
de se contracter ou de se dilater à son gré. L'action électrique de ces poissons est assez forte
pour renverser, même pour tuer une personne.
Le poisson peut, à son gré, se servir de cette
arme redoutable; il en fait ordinairement usage
pour attirer sa proie. Les organes électriques
sont doubles, et constituent plus d'un tiers du
poisson. Voyez dans M. de Humboldt le mode
ingénieux qu'emploient les naturels de l'Amérique méridionale pour prendre ce poisson fou-
droyant.

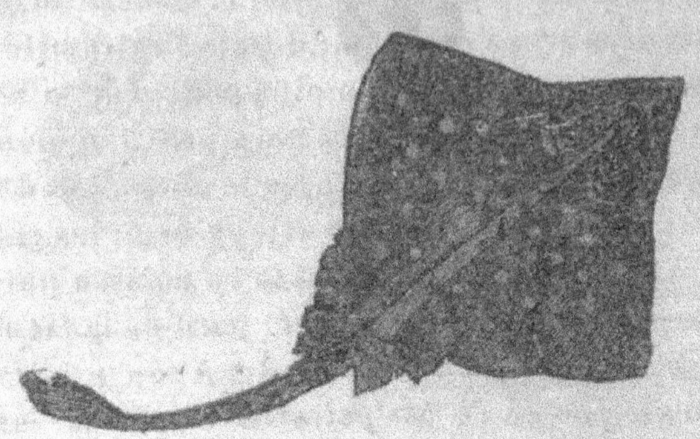

LA RAIE.

Ce poisson est le plus grand et le meilleur de l'espèce; sa chair est blanche, ferme et savoureuse. La raie atteint souvent une grosseur énorme. Le corps est large et aplati, d'une couleur brune sur le dos et blanche sous le ventre. La différence principale entre la raie et le thornback consiste en ce que la raie a les dents tranchantes et une seule rangée d'aiguillons à la queue, tandis que l'autre a les dents émoussées. La femelle produit ses jeunes depuis le mois de mai jusqu'en septembre. Chacun des jeunes est renfermé dans un sac oblong, angulaire, couleur marron, de la consistance du parchemin ou d'une peau, avec deux cornes à chaque extrémité. Les pêcheurs qui les prennent souvent près des côtes après la tempête, leur donnent le nom de poches.

LE SILURE CORNE.

Ce poisson a la tête large, aplatie et mince; les cornes qui occupent la place des yeux dans les autres espèces sont pourvues d'une sorte d'épines crochues, dentelées, et qui probablement servent d'armes défensives. La tête et le corps sont entièrement couverts d'une sorte de cuir; les yeux sont près de la bouche; la nageoire de la queue est faiblement fourchue.

La nageoire dorsale est pourvue au-devant d'un aiguillon robuste, anguleux et dentelé, et qui avec les cornes constituent ses armes de défense. Le ventre est épais et court, et les lignes latérales vont en serpentant le long du corps. Le vert plus ou moins foncé est la couleur générale de ce silure.

Cette espèce atteint une grosseur considérable: sa chair n'est pas fort mauvaise.

On trouve ce silure près des côtes de l'Asie et de Surinam.

En examinant un de ces poissons qu'on avait pris à Surinam, on remarqua qu'il avait la bouche remplie d'œufs jaunes, dans aucun desquels on ne put trouver de poisson complètement formé; on conclut de là que le silure pour garantir ses œufs de la voracité des autres poissons, les couve par instinct dans sa bouche; mais il faut supposer alors qu'il les dépose quelque autre part, quand il éprouve le besoin de la faim.

Il y a près de trente espèces différentes de ce poisson; la plupart habitent les mers des Indes et de l'Amérique. Le silure clarica de Linnée est le même que les Arabes connaissent sous le nom de scheilan. Les blessures de ce poisson sont venimeuses : on a vu mourir des hommes pour s'être piqués à ses nageoires pectorales.

LE PORCELLUS.

Ce poisson a la tête grosse, l'ouverture de la bouche large, les mâchoires garnies de plusieurs rangs de petites dents aiguës, la langue lisse et pointue; ses yeux sont grands, rapprochés et placés sur le sommet; l'opercule branchial est garni d'aiguillons et de filaments; et la partie antérieure de la nageoire dorsale est soutenue par douze piquants très forts et couchés en arrière.

La couleur de sa partie supérieure est brune avec quelques taches noires; du blanc mêlé de rougeâtre est répandu sur sa partie inférieure. Les nageoires sont d'un rouge ou d'un jaune faible, et tachetées de brun; excepté les thora-

ciques qui n'offrent pas de taches, et les pectorales qui sont grises.

La scorpène se tient dans la Méditerranée et
dans plusieurs autres mers; on l'y trouve auprès
des rivages où elle se met en embuscade sous
les plantes marines, pour saisir les poissons
plus faibles ou plus mal armés qu'elle.

LE STAR-GAZER.

La tête de ce poisson est large, quadrangulaire, et couverte d'un casque rude, terminé au-
dessus de deux épines, et de cinq moins fortes
au-dessous; l'ouverture de la bouche est large;
la langue est épaisse, courte, robuste, et garnie
de petites dents. De chaque côté, à l'intérieur de
la mâchoire inférieure, se trouve une membrane
terminée par un long filament; ce filament, ainsi
que les barbillons qui descendent de chaque
lèvre, servent au poisson pour attirer sa proie.
Dans la mâchoire supérieure, sont deux ouvertures ovales; et près de chaque œil se trouve
une autre ouverture ronde. Les yeux sont entièrement sur le sommet de la tête; ils sont très
rapprochés, et dans une position proéminente;
la pupille est noire, l'iris jaune.

Les star-gazer habitent la Méditerranée; on
les trouve près des côtes: ils n'ont pas un pied
de longueur; ils ne vivent que de petits poissons

LE PILOTE.

Ce poisson a le corps allongé, et couvert de bandes; quatre aiguillons au-devant de la nageoire du dos; la tête est comprimée, privée d'écailles jusqu'aux branchies; la bouche est petite, les mâchoires d'une égale longueur; la partie antérieure du palais, et la langue, sont garnies de petites dents; les narines sont doubles, et plus rapprochées du museau que des yeux; la ligne latérale a deux courbures, l'une en avant, et l'autre en arrière; la queue est la même que dans les maquereaux.

Ce poisson se trouve dans la Méditerranée, dans l'Océan méridional, et au cap de Bonne-Espérance. Il n'a guère plus d'un pied de long; sa chair est bonne à manger. On lui donne le nom de pilote, parce qu'on le voit communément avec le requin, auquel il semble amener sa proie. On a long-temps révoqué en doute ce service officieux que le pilote rend au monstrueux requin; mais il paraît que c'est un fait incontestable. Geoffroi, professeur d'histoire naturelle au Musée de Paris, a vu près de Malte, au mois

de mars 1798, deux pilotes guider un requin
vers une pièce de jambon qu'un marin avait sus-
pendue à un crochet.

LE LUTJAN DORÉ.

Les écrits d'Ovide et de Pline nous prouvent
que le lutjan fut connu des anciens. Ce poisson
a dû long-temps une grande partie de sa célébrité aux idées superstitieuses dont on chargeait
son histoire : on lui a fait même jouer un rôle
distingué dans la vie de Saint-Pierre, et dans la
légende de Saint-Christophe : aujourd'hui toute
sa célébrité repose sur la délicatesse de sa chair.
La littérature gastronomique est riche d'anec-
dotes qui prouvent le rang distingué qu'occupe
ce poisson dans l'estime des épicuriens expéri-
mentés.

Le lutjan doré est un poisson très vorace : on
le trouve dans la mer du Nord, dans le canal de
l'Angleterre, dans la Méditerranée, et dans la
mer Atlantique.

Sa forme est rhomboïdale ; la bouche est très large; le museau, long, est composé de plusieurs plaques cartilagineuses, plissées l'une sur l'autre ; ce qui donne au poisson plus de facilité de se saisir de sa proie ; les dents sont fortes et nombreuses ; une rang e d'aiguillons s'étend de chaque côté des nageoires dorsales ; une autre depuis la bouche jusqu'aux nageoires anales : le nom qu'on lui a donné indique sa couleur dominante.

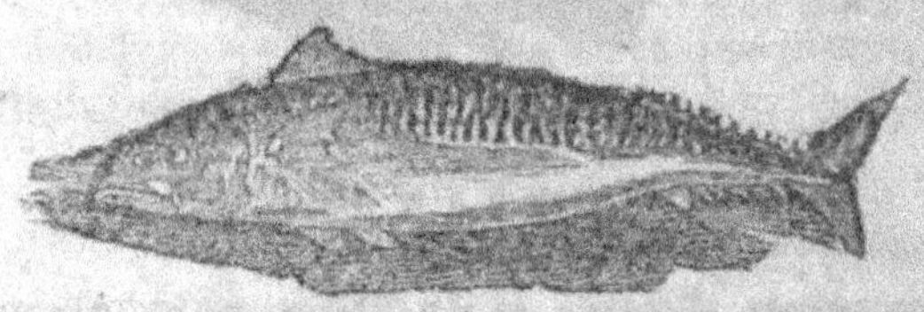

LE MAQUEREAU.

Le maquereau commun est un des plus beaux poissons qui visitent nos côtes : il est épais, charnu, rond, mais d'une forme conique vers sa queue bifourchue. Le corps est de la plus grande élégance ; il est nuancé de taches bleues, vertes et blanches. La mort altère la vivacité de ses couleurs, mais ne les détruit pas entièrement.

Plusieurs variétés de ce poisson habitent l'Océan ; elles appartiennent à la classe des poissons voraces : on dit qu'ils aiment la chair humaine, et Pontoppidan nous a conservé l'histoire d'un homme, qui pendant qu'il se baignait, fut attaqué et dévoré par des maquereaux.

Comme on les trouve dans l'Océan germanique, dans la mer Baltique, dans la Méditerranée, il n'est pas étonnant que les anciens naturalistes les aient connus; les observateurs modernes ont distingué vingt-deux variétés, desquelles trois se trouvent sur nos côtes : le maquereau commun, le maquereau bâtard, et le maquereau thonny.

Le maquereau, en sortant de la mer, jette une lueur phosphorique; il meurt aussitôt qu'il est hors de l'eau, même dans l'eau, lorsqu'il donne trop impétueusement contre les filets; on le prend ordinairement dans des filets à larges mailles; plus souvent à la ligne amorcée de hareng ou d'autre poisson et de viande. La pêche est surtout favorable lorsqu'il fait un vent frais.

Sur les côtes occidentales de l'Angleterre, la pêche du maquereau est tellement considérable, qu'on y destine un capital de plusieurs millions. Cette pêche se fait de nuit aux flambeaux; les pêcheurs se dispersent à plusieurs lieues des côtes, et jettent leurs filets, qui ont quelquefois plus d'une lieue d'étendue, le long de la marée. Les mailles du filet sont assez larges pour recevoir la tête d'un poisson de moyenne taille, et l'arrêter par les branchies. Un seul de ces bateaux pêcheurs a souvent rapporté en une seule nuit une cargaison de la valeur de près de deux mille francs.

La chair du maquereau est excellente; mais comme elle est très grasse, et conséquemment

difficile à digérer, elle ne convient pas aux personnes faibles ou valétudinaires.

Le fameux garum, si vanté chez les luxurieux
Romains, était une sauce préparée pour ce poisson. Sur la Méditerranée, on se sert de ses laites
pour faire le caviar.

LE SAUMON.

Le saumon est un poisson à nageoires abdo-
minales douces. Ces poissons ont deux nageoires
dorsales, dont la dernière est charnue et privée
de rayons; leur mâchoire et leur langue sont
également pourvues de dents; le corps est couvert d'écailles rondes et faiblement rayonnées,
la couleur du dos et des côtés est d'un vert tantôt
uni, tantôt tacheté de noir. Les couvertes des
branchies offrent la même variété; le ventre est
d'un blanc argentin; le museau est très aigu; et
dans les mâles, la mâchoire inférieure se retire
quelquefois en forme de crochet.

Le saumon se tient aussi bien dans les eaux
douces que dans les eaux salées, cependant il
semble confiné dans les mers du nord, on ne le
voit pas dans la Méditerranée ni dans les eaux

des climats chauds. En automne il accourt dans
les rivières pour déposer le frai ; les cataractes
ne l'arrêtent pas dans cette course ; sur le Lif-
fey, il franchit une chute d'eau de plus de
quatre-vingts pieds de hauteur.

Les saumons se plaisent sur-tout dans les rivières rapides et pierreuses, dont le lit n'est
pas embarrassé de vase. Leur chair donne une
excellente nourriture.

La Tamise, la Saverne, le Trent et le Tyne,
sont les fleuves de l'Angleterre où l'on prend le
plus de saumons ; les pêcheries d'Écosse sont
très productives.

Ce poisson meurt dès qu'il est hors de l'eau,
pour qu'il ne perde pas sa saveur, il faut le tuer
au moment de le prendre ; les pêcheurs les percent ordinairement d'un coup de couteau près
de la queue : la perte du sang les fait mourir de
suite.

LA TRUITE.

LA truite a le corps plus large que long : dans
plusieurs rivières de l'Écosse et de l'Irlande on

prend des truites qui n'ont pas vingt pouces de
long, et qui pèsent entre trois et cinq livres.

La truite est un poisson de proie; elle a la
tête arrondie, le museau émoussé, et la bouche
large, remplie de dents non-seulement aux mâchoires, mais encore au palais et à la langue;
les écailles sont petites; le dos est de couleur
cendrée, les côtés jaunâtres, et dans de certaines
saisons le dessus du corps et les couvertes des
branchies sont marquetés de petites taches rouges et noires. La queue est large.

Il y a plusieurs sortes de truites qui diffèrent
entr'elles de grosseur, de forme et de couleur;
la chair des meilleures est rouge. La femelle a
la tête plus petite et le corps plus enfoncé que
le mâle; la couleur et le nombre de ses taches
varient suivant les eaux et les saisons.

Ce poisson dont la délicatesse est aujourd'hui
généralement reconnue, n'était guère recherché des anciens. On dit que les truites sont
de saison depuis le mois de mai jusqu'au mois
de septembre; mais qu'elles sont plus grasses
dans la dernière quinzaine du mois d'août. On
croit que la durée de leur vie est de huit à dix
ans.

La circonspection excessive de la truite rend
sa pêche très difficile à la ligne; on amorce
ordinairement l'hameçon de vers et de mouches
artificielles. On la pêche depuis le mois de mars
jusqu'à la saint Michel; les temps nébuleux sont
les plus propices, mais sans distinction du matin
ou du soir.

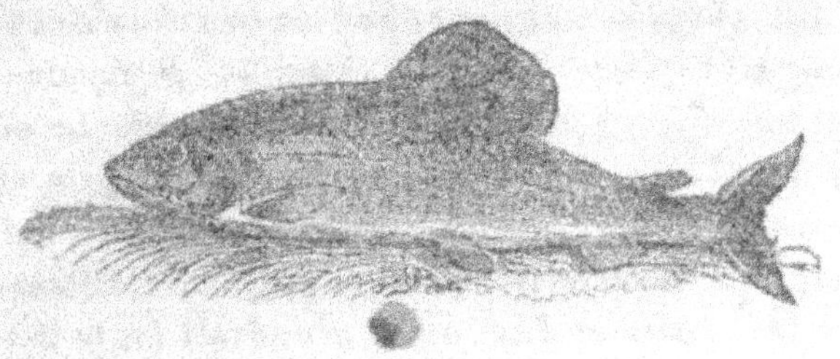

L'OMBRE.

L'ABLE ou ombre est d'une forme très élégante ;
le corps est moins enfoncé que celui de la truite,
quoiqu'il soit plus long ; ce poisson a la tête petite, les yeux proéminents, l'iris argenté nuancé
de jaune ; la bouche est d'une moyenne grosseur ;
la mâchoire supérieure est la plus grande ; les
dents sont très petites et alignées comme les
dents d'une lime bien fine ; la tête est d'une couleur obscure ; les couvertes des branchies sont
d'un vert lustré ; ces mêmes parties sont quelquefois noirâtres ; le dos est d'un vert sombre
tirant sur le bleu ; les côtés sont d'un gris argenté, et sont marqués de petites taches irrégulièrement disposées qui, au moment que l'on
prend le poisson, brillent comme des paillettes
d'or ; les écailles sont grosses, d'une teinte sombre à leur base inférieure ; la queue est très
fourchue ; les grandes nageoires dorsales sont
tachetées, les autres sont unies ; d'après la construction de son museau et de son ventre, il est à
supposer que ce poisson ne cherche sa nourriture qu'au fond de l'eau.

Les ables se tiennent dans les eaux rapides et claires; ils aiment sur tout celles qui descendent des contrées montagneuses. Dans la Laponie, où ce poisson est très commun, les habitants se servent de ses entrailles pour pressurer le fromage qu'ils retirent du lait des rennes. L'estomac est très épais et dur, on le prendrait en le touchant pour un cartilage. Les ables dépassent rarement quinze pouces de longueur; cependant, il y a quelques années, on en prit quelques uns beaucoup plus forts.

On leur donne le nom d'ombre, en raison de la rapidité de leurs mouvements : ils sont très voraces.

Au printemps et pendant l'été, le moment le plus favorable pour leur pêche, est depuis huit heures du matin jusqu'à midi, et depuis quatre heures du soir jusqu'au coucher du soleil; depuis septembre jusqu'en janvier, on choisit le milieu du jour; ceux qu'on prend alors sont les meilleurs: cette pêche est très agréable.

Les anciens prétendaient que leur huile enlevait les taches et les marques de la petite-vérole.

LE CHAR ROUGE.

La tête de ce poisson semble tronquée: le corps
est couvert d'écailles fort petites; la ligne latérale est droite; les nageoires, à l'exception de
la dorsale, sont rouges. Cette espèce est distinguée dans Linnée sous le nom de char des Alpes:
elle se tient effectivement dans les lacs des parties les plus élevées et les plus montagneuses de
l'Europe; elle se trouve sur-tout dans les lacs de
la Laponie, où les essaims innombrables de
moucherons qui infestent ces contrées, lui offrent une nourriture abondante. On prend ces
poissons dans des sortes de filets appelés tra-
mails.

Le char tacheté est un mets délicat, non moins
recherché sur le continent qu'en Angleterre.

L'EPERLAN.

Ce poisson, dont on connaît deux espèces, répand une odeur assez forte, que l'on compare, tantôt au parfum de la violette, tantôt au goût du concombre. Le fait est que cette odeur est si peu agréable, que les Allemands ont donné à l'eperlan le nom de poisson fétide.

La première espèce, appelée HEPSETUS, a près de douze rayons vers la nageoire de l'anus, on la trouve dans la mer du nord, et abondamment près de Southampton, et sur quelques autres côtes de l'Angleterre. Il est à demi transparent, couvert d'écailles minces, argentines, qui se détachent aisément; sous la ligne latérale s'étend une suite de petits points noirs; la mâchoire inférieure s'avance plus que la supérieure qui est armée de quatre fortes dents; la queue est très fourchue.

Ce poisson n'a guère plus de six pouces de long; sa chair est tendre, d'une saveur agréable.

L'autre espèce, appelée MENIDEA, a vingt-quatre rayons à la nageoire de l'anus. Ce poisson est presque transparent; il est nuancé çà et là d'un grand nombre de points noirs. Il n'a quelques dents qu'aux lèvres. On le trouve dans les eaux vives de la Caroline. La peau est si mince qu'au moyen du microscope, on distingue fort bien la circulation du sang.

On les pêche à la ligne. On prend souvent pour les amorcer, des poissons de leur propre espèce.

On prend ces poissons en fort grand nombre sur la Tamise et sur le Dee, dans les mois de novembre, décembre et janvier; ils fraient ordinairement en mars et avril.

Les éperlans diffèrent entre eux de grosseur.

LA CARPE.

La carpe a la tête grosse, les lèvres épaisses, le front large, quatre barbillons attachés à la mâchoire supérieure, la ligne latérale un peu courte, une longue nageoire au-dessus de l'anale, des ventrales et d'une partie des pectorales. Le corps, qui forme un ovale alongé, est épais, couvert d'écailles, grandes, arrondies et striées longitudinalement. Du bleu verdâtre paraît ordinairement sur le dos; une série de petits points noirs le long de la ligne latérale, un jaune mélé de bleu et de noir sur les côtés, un jaune

plus clair sur les lèvres ainsi que sur la queue ;
une nuance blanchâtre sur le ventre, une rouge
sur l'anale et une teinte violette sur les ventrales et sur les caudales ; la queue est fourchue.

Les carpes peuplent toutes les eaux lentes de
l'Europe et de la Perse ; elles dépassent rarement
quatre pieds de long et vingt livres de pesanteur ;
cependant on en cite plusieurs de plus fortes
et de plus pesantes. Jovius fait mention d'une
carpe du lac de Como, qui ne pesait pas moins
de deux cents livres.

Le prompt accroissement de la carpe fait de
ce poisson une acquisition précieuse pour nos
étangs ; et si l'on donnait des soins mieux en-
tendus à son entretien et à sa nourriture, on
pourrait en tirer de très grands avantages.

Les carpes fraient en juin , quelquefois au
mois de mai. Dans les années précoces elles déposent leurs œufs dans des endroits couverts de
verdure et de plantes. Elles se nourrissent principalement de vers et d'insectes aquatiques.

La carpe déploie dans ses habitudes un instinct
si rusé, que le peuple de la campagne l'appelle
le renard de rivière ; elle saute souvent par-
dessus le filet , ou bien se met la tête dans la
vase, et le laisse passer par dessus son corps.
Cependant si l'on a bien soin de la nourrir, on
peut l'apprivoiser, au point de la faire sortir de
l'eau , au signal donné , de venir chercher du
pain, et de se laisser toucher paisiblement.

Ces poissons deviennent très vieux, et leur vie

est si tenace qu'on peut les conserver vifs plus
de quinze jours dans de la paille fraîche ou de
la mousse ; il ne s'agit que de les bien envelopper, ne laisser en évidence que leur bouche,
les tenir dans une cave ou dans quelque autre
endroit frais, les plonger souvent dans l'eau , et
les nourrir de pain blanc et de lait.

LA BRÊME.

La brême a la tête tronquée, la bouche petite,
la mâchoire supérieure un peu avancée ; le front
large et noirâtre; les joues tirent sur le jaune.
Ce poisson, quand il a toute sa croissance, est
épais et large ; les jeunes sont minces et longs ;
ils sont couverts d'écailles assez grandes; le dos
est noirâtre ; la ligne latérale est courbée vers
le ventre et ornée de cinquante points noirs ; la
queue est en forme de croissant et d'un bleu
foncé.

Ce poisson se trouve dans tous les grands lacs,
et dans les rivières qui s'échappent paisiblement
sur un fond composé de marne, de glaise et

d'herbages; il se tient long-temps dans les parties les plus profondes.

Il est l'objet d'une pêche importante; on le prend le plus souvent sous la glace. Dans quelques lacs de la Prusse, la pêche de la brême est considérable, de même que dans le Holstein, le Mecklembourg, la Livonie et la Suède. Dans un lac près de Nordkœping, on a pris au mois de mars 1749 d'un seul coup de filet près de cinquante mille brêmes; elles pesaient 18,200 livres. On prend la brême par différentes sortes de filets, au mois de mai, lors du frai; elle aime beaucoup les vers.

LE ROUGET.

Ce poisson appartient, comme la carpe et la brême, à l'ordre cyprin, et mérite l'attention des observateurs par son extrême fécondité. Par la conformation de son corps, il ressemble à la brême; mais il se rapproche de la carpe par la forme et la largeur de ses écailles. Les nageoires pectorales sont d'un cramoisi clair; l'iris des yeux semble jeter des feux de rubis et de grenade.

Ce poisson a ordinairement entre trois et neuf

pouces de long, et pèse depuis huit onces jusqu'à deux livres; cependant ces proportions ne sont pas rigoureusement exactes.

Ce cyprin est d'une stupidité même rare parmi les poissons; aussi lui donne-t-on le nom de brebis d'eau.

On le trouve en très grand nombre dans les eaux paisibl s.

LA VANDOISE.

La couleur générale de la vandoise est argentée; elle a le dos d'une teinte brunâtre, le corps prolongé, des écailles d'une moyenne grosseur, six nageoires grises, la queue fourchue, et la ligne latérale courbée; les opercules de la bouche sont d'une moyenne grosseur; et, de même que dans tous les poissons de cette espèce, l s mâchoires sont dépourvues de dents.

La vandoise est prolifique, et se montre très vive dans ses mouvements. En été, elle aime à se jouer sur la surface de l'eau; elle se plaît dans les eaux profondes dont le cours n'est pas trop rapide. Elle pèse souvent au-delà d'une livre et demie, et ne dépasse guère neuf pouces de long.

La vandoise se trouve dans le sud de l'Allemagne, la France, l'Italie, ainsi que dans l'Angleterre.

LE CHUB.

Le chub pèse rarement au-delà de cinq livres:
le corps est d'une forme oblongue; la tête et le
dos sont d'un vert foncé; les côtés sont argentés;
le ventre est blanc; les nageoires pectorales sont
d'un jaune pâle; celles du ventre et de l'anus
sont rouges; la queue, un peu fourchue, est
brune, avec une légère teinte bleue à son extrémité.

Ce poisson se tient au fond des rivières; mais
en été, quand le soleil pénètre de ses rayons
puissants les cailloutages qui tapissent le lit des
rivières, le chub monte sur la surface, et vient
se coucher à l'ombre bienfaisante de quelque
arbre qui couvre le rivage de ses longs rameaux;
mais le plaisir ne l'endort pas sur les dangers
qui le menacent; le soin de sa conservation,
cette première loi de la nature, le tient en
garde, et au moindre bruit, il plonge et se perd
au fond de l'eau.

Il se nourrit de toutes sortes d'insectes. Aux
mois de juin et de juillet, on se sert de mouches, d'escargots et de cerises; mais dans le

mois d'août et de septembre, la meilleure amorce est de bon fromage, avec un peu de safran et de beurre. Quelques personnes composent une pâte de fromage et de térébenthine de Venise. C'est dans cette saison que le chub est de la meilleure qualité: les arrêtes sont moins rudes, et se séparent plus facilement de la chair, qui elle-même est plus ferme et d'une saveur plus délicate.

Dans le temps froid, le pêcheur jette son hameçon au fond de l'eau; dans le temps chaud, à la surface; dans l'un et l'autre cas, le poisson ne tarde pas à y mordre: quand le chub saisit l'appât, il mord avec une telle impétuosité, qu'on entend craquer ses mâchoires.

Les anciens naturalistes ont compté cinq variétés de ce poisson: la plupart se tiennent dans le Danube et le Rhin; l'espèce que nous venons de décrire habite plusieurs rivières de l'Angleterre.

LE POISSON PARROT.

La tête de ce poisson a quelques rapports avec celle de la carpe: le corps est large; la queue, effilée: le fond est rouge, élégamment relevé par des bandes argentées tout le long du corps; le ventre est blanc; les branchies sont petites; les écailles larges, minces, rayonnées et très lâches; les nageoires de la poitrine, de la queue et du ventre sont jaunes à leur origine, et vertes à leur extrémité. Cette espèce se trouve dans les deux Indes.

LE CYPRIN DORÉ.

Ces poissons sont regardés comme les plus beaux de tout le peuple aquatique : le mâle est d'un rouge clair, depuis le sommet de la tête jusqu'au milieu du corps; le reste est couleur d'or, mais d'un éclat à effacer l'or le p'us fin. La femelle est blanche, mais sa queue et la moitié de son corps sont argentées; le rouge et le blanc ne sont pas les seules marques distinctives du mâle et de la femelle; on reconnaît encore cette dernière aux taches blanches, que l'on voit autour des orifices qui remplacent pour ainsi dire les organes de l'ouïe; le mâle a bien aussi de ces taches, mais elles sont plus claires. Les narines de ce cyprin sont doubles, larges et placées au dessous des yeux; le corps est couvert de larges écailles; la queue est fourchue; les nageoires sont plus variées qu'en aucun autre poisson. La couleur du cyprin change avec l'âge; il est d'abord entièrement noir, couleur que l'on rencontre très rarement parmi les habitants de l'eau; au bout de quelques années se montrent des taches argentées, qui se développent et couvrent peu à peu tout le corps; cette seconde couleur s'efface à son tour et est remplacée par du rouge: plus le poisson avance en années, plus ses couleurs s'embellissent. Quelquefois le rouge précède la couleur argentée. On a aussi vu le cyprin roux de suite.

Ces poissons appartiennent à la Chine; on les y trouve dans les lacs, non loin de la montagne de Tsionking, près de la ville de Tchangou, dans la province de Che-Kiang. C'est de là qu'on les a transportés dans les autres provinces de ce vaste empire, au Japon, et en dernier lieu en Europe. Ils furent introduits en Angleterre en 1661; aujourd'hui ils ne sont guère plus rares que les carpes.

Le cyprin argenté appartient aux mers qui avoisinent le cap de Bonne-Espérance; il est de la grosseur et de la forme de la carpe, dont il a toute la délicatesse.

Il est d'une couleur blanche, rayée transversalement de lignes argentées.

LE CYPRIN TÉLESCOPE.

Tout le corps de ce poisson et le fond des nageoires sont d'un beau rouge de sang, plus foncé vers le dos, et plus clair vers le ventre. Les membranes des nageoires sont très blanches; ce qui relève singulièrement les rayons rouges, qui percent à travers. Les trois pointes blanches de la queue, rappellent l'idée d'un trident ou de la tulipe. La tête est courte, mais large; la bouche est petite; il n'a pas de narines doubles; la pupille des yeux est noire; l'iris jaune; les yeux eux-mêmes sont proéminents; le dos est rond, la ligne latérale plus rapprochée du dos que de la tête; les écailles larges; les rayons branchus.

Ce joli poisson se trouve dans les eaux vives de la Chine, où on le pêche comme le cyprin doré, dont il n'est probablement qu'une variété.

LA MORUE.

LA tête de la morue est douce au toucher; la couleur du dos et des côtés est d'un olive foncé, nuancé de taches jaunes; le corps est blanc; la ligne latérale suit la courbure du dos jusque vers les deux tiers de la longueur totale du poisson. Les écailles sont fort petites, mais tiennent étroitement au corps; au bout de la mâchoire inférieure, ou voit pendre un barbillon qui n'a guère plus d'un doigt de long. La langue est large; elle est armée de plusieurs rangées de dents fortes et aiguës. La morue a trois nageoires dorsales, deux branchiales, deux pectorales, et deux anales. La queue est unie.

Ces poissons ne se trouvent que dans les mers septentrionales : les bancs de sable de Terre-Neuve de la Nouvelle-Écosse et de la Nouvelle-Angleterre, sont leur rendez-vous principal. Ces bas-fonds les fournissent abondamment de vers, et ne les éloignent pas des mers polaires où ils vont frayer. Dans ces dernières mers, les morues déposent leurs œufs en pleine sécurité, et dès que les mers moins septentrionales sont libres, elles y retournent à la recherche de leur pâture.

Ces courses continuelles doivent les faire placer à la tête des poissons voyageurs.

On n'en prend que fort peu dans le nord de l'Islande, et leurs excursions dans le sud ne s'étendent jamais jusqu'au détroit de Gibraltar.

Avant la découverte de Terre-Neuve, la grande pêche de la morue se faisait dans la mer d'Islande et dans les îles occidentales de l'Écosse. Sous le règne de Jacques Ier les Anglais envoyaient en Islande cent cinquante vaisseaux : la ligne et l'hameçon étaient les seuls instruments dont on se servait pour la pêche de ce poisson, qu'on prenait souvent jusqu'à soixante brasses de profondeur. Quinze mille matelots étaient employés à cette pêche ; une main habile pouvait prendre par jour près de quatre cents poissons.

La morue est un des poissons les plus prolifiques ; le savant Leuwenhoeck observa, dans une morue de moyenne grosseur, plus de neuf millions d'œufs ; en Europe elles fraient au mois de janvier. Les petites espèces de poissons, les vers, les coquillages, les cancres composent leur nourriture principale. Leur estomac est capable de dissoudre la plus grande partie des coquillages qu'elles dévorent. Elles atteignent une forte grosseur ; une des plus grandes de l'espèce fut prise à Scarborough en 1775 : elle pesait soixante et dix-huit livres, et avait plus de cinq pieds de long.

LE MERLAN.

Ce poisson a le corps prolongé et couvert de petites écailles rondes, minces et argentées; la tête se termine en pointe; les yeux sont ronds; la pupille est noire et l'iris argenté; les narines sont près des yeux; la mâchoire supérieure est armée de plusieurs rangées de dents, l'inférieure n'a qu'une seule rangée; le dos olive est courbé; les côtés sont un peu comprimés, et l'anus est plus proche de la tête que de la queue; la ligne latérale est droite; les nageoires sont blanches, à l'exception de celles de la poitrine et de la queue, qui sont noirâtres.

Ces poissons se trouvent dans les mers Baltique et du Nord; ils abondent sur les côtes de la Hollande, de la France et de l'Angleterre, où ils passent pour l'espèce la meilleure et la plus délicate du genre. Leur chair est d'une digestion si facile qu'on la prescrit aux estomacs faibles.

Les merlans dépassent rarement dix-huit pouces de longueur; les plus gros sont ceux que l'on pêche au banc de Dogger; ils pèsent souvent de quatre à huit livres. Ils se tiennent au fond de l'eau, se nourrissent de vers, de mollusques, de jeune frai, surtout de sardines et de harengs.

On les prend principalement à la ligne de fond,
longue d'environ soixante-quatre brasses et armée d'un grand nombre d'hameçons. Un vaisseau
porte ordinairement vingt de ces lignes; on ne
les jette qu'environ deux ou trois heures. Les
Français font cette pêche depuis le mois de décembre jusqu'en février. Les Anglais et les Hollandais la font au printemps.

Ils arrivent en un tel nombre sur nos côtes,
que leurs colonnes occupent près de deux lieues
de long et plus d'une demi-lieue de large. Comme
on en prend trop pour les consommer frais, on
en sale une partie; mais ils perdent alors beaucoup de leur délicatesse : c'est ordinairement
de ces derniers que l'on approvisionne les vaisseaux.

C'est pendant la saison où l'on pêche les harengs dont le frai compose leur nourriture principale , que les merlans sont de la meilleure
qualité. On les prend alors facilement ; leur
avidité à poursuivre le hareng les fait souvent
tomber dans les mêmes filets.

Ils fraient depuis la fin de décembre jusqu'au
commencement de février; leur chair alors devient molle et fade.

Ils sont poursuivis par toutes les espèces voraces qui habitent les eaux; mais leur extrême
fécondité répare bientôt leurs pertes continuelles.

LE BROCHET.

Le brochet se trouve dans presque toutes les eaux douces de l'Europe et du nord de l'Asie, ainsi que dans la plupart des grandes rivières de la Laponie, de la Sibérie et des contrées voisines. Dans les régions du nord, il atteint une grosseur considérable ; il n'est pas rare d'en voir de quatre pieds de long ; on a même pris des brochets qui avaient plus de sept pieds de longueur.

La tête du brochet est très aplatie ; les yeux sont petits et d'une teinte dorée ; la mâchoire supérieure est large, mais plus courte que l'inférieure qui se retire un peu vers l'extrémité et est marquée de petits points. On y voit une rangée formidable de dents. Celles de devant sont fortes mais petites, les postérieures toutes alternativement fixes et mobiles. La mâchoire supérieure n'en a que sur le devant, et elles sont très petites, trois autres rangées se trouvent sur le palais ; la langue, un peu fourchue, est également garnie de dents ; on en trouve même sou-

vent jusque sur l'orifice de l'estomac; le corps
est long; le dos large et carré; le ventre est
toujours blanc; les autres couleurs ne sont pas
constantes. Dans la bonne saison, ces couleurs
sont d'un beau vert nuancé d'un jaune clair; les
branchies sont d'un roux vif. Hors de saison, le
vert devient gris et les points jaunes pâlissent.
La nageoire dorsale est placée au bas du dos.

La grande voracité du brochet, sa vigueur et
sa rapidité, lui ont mérité des poëtes le titre de
loup des poissons et de tyran des eaux. Il attaque
tous les poissons plus faibles que lui; on l'a souvent vu s'étrangler en s'efforçant d'avaler des
morceaux trop gros. Peu lui importe que la victime qu'il poursuit appartienne à sa propre espèce: il dévore tout indistinctement; il ne se borne
pas aux poissons, aux grenouilles; il se jette
aussi sur les rats d'eau, les jeunes canards qui
ont le malheur de nager à sa portée; il attaque
même les jambes des personnes qui se baignent
dans la rivière. « Un de mes amis qui avait plu-
« sieurs loutres privées, m'a assuré, dit Valtor,
» qu'il a vu un brochet pressé par la faim dis-
» puter à une de ces loutres une carpe qu'elle
» venait de pêcher. »

Ce poisson offre une pêche fort amusante; il
n'est pas long à mordre à l'hameçon: les goujons
ou la vandoise sont les meilleures amorces.

Les brochets fraient aux mois de mars et
d'avril.

L'AIGUILLE DE MER.

Quoique ce poisson diffère beaucoup de la construction du brochet, il appartient au même genre. C'est un poisson de mer, et l'on suppose vulgairement qu'il précède et guide les phalanges de maquereaux à travers les régions de l'Océan.

Le museau est long et projectile; la mâchoire inférieure s'avance sur la seconde; elles sont toutes deux armées d'un grand nombre de petites dents. Le front, la nuque et le dos offrent un noir mêlé d'azur; les opercules réfléchissent des teintes vertes, bleues, et argentines; la moitié supérieure des côtés est d'un vert diversifié par quelques reflets bleuâtres; l'autre moitié répand, ainsi que le ventre, l'éclat de l'argent le plus pur.

Ce poisson a toute la délicatesse du maquereau; mais plusieurs peuples craignent de le goûter, parceque ses os verdissent à la chaleur.

LA PERCHE.

Ce poisson n'atteint jamais une longueur bien marquée; la plus forte qu'on ait péchée dans nos eaux pesait neuf livres. Le corps est enfoncé, les écailles rudes, le dos courbé, et les lignes latérales sont placées près du dos.

Sous le rapport des couleurs, la perche égale les habitants les mieux partagés des étangs, des lacs et des rivières.

Le dos a l'éclat de l'émeraude, que relèvent encore cinq larges bandes transversales noirâtres; le ventre imite les reflets de l'opale et de la nacre; les teintes de rubis des nageoires achèvent cet assortiment de couleurs élégantes.

La perche vit par troupes: on en prend dans la plupart de nos rivières; sa chair est ferme, délicate, et fort estimée; on l'accommode ordinairement au vin et au vinaigre, qui donnent à la chair encore plus de fermeté et de saveur.

Ces poissons ont la vie très tenace; la perche de rivière est souvent transportée à plus de soixante lieues, et elle survit long-temps encore à ce pénible voyage.

Cette qualité leur donne un grand mérite.

LE HARENG.

On distingue facilement le hareng commun, des poissons du même genre; il a la mâchoire inférieure plus avancée et courbée, et dix-sept rayons aux nageoires ventrales. La tête et la bouche sont petites; la langue courte, pointue et armée de dents. Les opercules des ouïes sont tachetés de violet et de rouge; ces taches s'éteignent avec la vie du poisson. Le hareng ne survit que fort peu de temps à sa sortie de l'eau.

Les harengs se tiennent dans les mers inaccessibles de la plus haute latitude septentrionale; de là, ils se répandent par troupes innombrables. En commençant leur voyage, ils se divisent par colonnes de plusieurs lieues de longueur et de largeur. Leur course se reconnaît aux bouillonnements de la mer. Ils arrivent dans le mois de juin aux côtes de l'Écosse, se séparent, font le tour des îles de l'Angleterre, se réunissent en septembre à l'extrémité de ce pays, et de là, ils continuent leur route vers l'Amérique, dont ils comblent les baies, les rivières et les canaux. Ils fraient dans le nouveau monde, s'avancent jusqu'à l'île de Terre-Neuve, d'où ils retournent enfin vers leurs demeures polaires. Pendant ce long voyage, ils sont arrêtés par de nombreux ennemis; les grands poissons de mer et les oiseaux d'eau leur font une chasse continuelle.

Le hareng est une de ces productions naturelles, dont l'emploi décide de la destinée des empires; la graine de cafayer, la feuille de thé, les épices de la zône torride, le ver qui file la soie, ont moins influé sur les richesses des nations que le hareng de l'Océan atlantique. Le luxe ou le caprice demandent les premiers; le besoin réclame le hareng.

Le Batave en a porté la pêche au plus haut degré; il a vu dans cette pêche la plus importante de ses expéditions maritimes; il l'a surnommée la grande pêche, et l'a regardée comme ses mines d'or.

C'est à un pêcheur de Barvliet, nommé Guillaume Deukelzoon, qu'on doit la manière de saler et d'encaquer le hareng. Cette découverte importante ouvrit une des sources les plus abondantes de la prospérité publique, et le nom de Deukelzoon est digne d'être écrit dans le temple de mémoire à côté des plus illustres bienfaiteurs de l'humanité. N'oublions pas non plus que c'est à un Français que l'on est redevable de l'art de fumer le hareng, art surtout utile à la portion la plus nombreuse et la moins fortunée de l'espèce humaine.

On sale en pleine mer les harengs que l'on trouve les plus gras et que l'on croit les plus succulents. On les nomme harengs nouveaux ou harengs verts, lorsqu'ils sont le produit de la pêche du printemps ou de l'été, et harengs pekins ou pekels, lorsqu'ils ont été pris pendant l'automne ou l'hiver. Les harengs saures sont les harengs fumés. (*)

Les Hollandais n'attendent pas les harengs sur leurs côtes; ils s'avancent au-devant d'eux et vont à leur rencontre en pleine mer, montés sur de grandes et de véritables flottes. On prétend même qu'il y a eu des années où ils ont mis en mer trois mille vaisseaux et occupé quatre cent cinquante mille hommes pour la pêche de ces poissons.

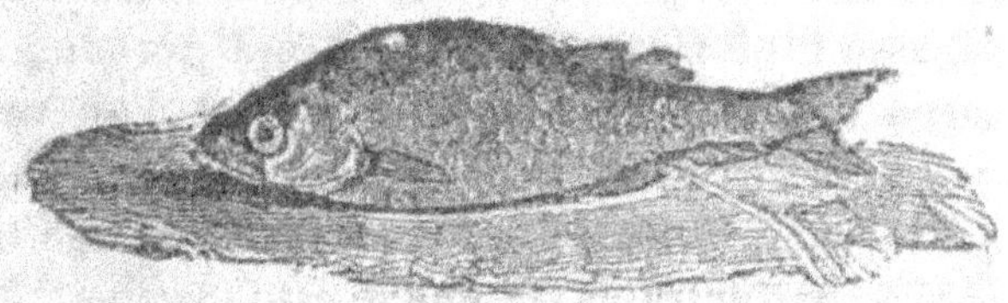

LA SARDINE.

La sardine appartient aux mers d'Europe: elle a de grands rapports avec le hareng, mais elle est beaucoup plus petite, et ses nageoires dorsales ont treize rayons.

On prend ces petits poissons dans la Tamise depuis le mois de novembre jusqu'à celui de mai; ils sont d'une grande ressource pour les pauvres de la capitale.

Sur la Méditerranée, les sardines sont si nom-

(*) Le traducteur a cru devoir ici s'écarter de l'original: il a remplacé une longue description des filets qu'emploient les pêcheurs anglais, par d'autres détails plus intéressants, et puisés la plupart dans l'immortel ouvrage de Lacépède.

breuses que d'un coup de filet on en prend souvent par milliers.

Les sardines sont quelquefois marinées, et leur saveur est alors peu inférieure à celle des anchois.

L'ANCHOIS.

L'anchois dépasse rarement six pouces de long, le plus communément il n'en a pas deux; le museau est pointu; la mâchoire supérieure dépasse l'inférieure ; les yeux sont grands ; le corps est rond et mince; le dos est d'un vert foncé ; les côtés et le corps sont d'un bleu argenté; une longue écaille pointue partage les nageoires ventrales ; la queue est fourchue.

Dans différentes saisons de l'année, les anchois visitent l'Océan Atlantique et la mer Méditerranée. Ils traversent le détroit de Gibraltar pour se diriger vers le Levant, dans les mois de mai, juin et juillet. La plus grande pêche se fait à Gorgone, petite île à l'Occident de Leghorn, où l'on prend ce poisson dans des filets pendant la nuit. On les attire par des lumières qu'on fixe à la poupe des vaisseaux.

Pour les conserver, on leur coupe la tête, et on les emmarine dans des barils, après avoir enlevé le fiel et les entrailles. On les mange aussi frais.

On a reconnu par l'expérience, que les anchois, pris au flambeau, étaient d'une qualité

inférieure à ceux qu'on prend d'une autre manière.

Depuis le mois de décembre jusqu'en mars,
on en prend immensément sur les côtes de la
Provence et de la Catalogne; pendant les mois
de juin et de juillet, la pêche est abondante
dans le canal de l'Angleterre, dans les environs
de Bayonne, Venise, Rome et Gênes.

C'est avec la saumure des anchois, que les anciens préparaient leur fameuse sauce de garum.

L'AMORCE BLANCHE.

Ce poisson a de grands rapports avec l'ablette;
il se montre sur la Tamise près de Blackwell et
de Groenvick, au mois de juin. Sa longueur ordinaire est de près de deux pouces; la nageoire
dorsale est près de la tête; la queue est fourchue
et noire au bout. On prend ordinairement ces
petits poissons pour amorcer les autres.

Les naturalistes ont été long-temps indécis
sur le genre auquel appartient ce petit poisson;
on a fait honneur de son origine à la sardine,
à l'able, à l'éperlan; mais ces poissons se trouvent dans d'autres eaux, tandis que l'amorce
blanche n'habite que la Tamise.

Pennant le range sous le genre de la carpe;
enfin M. Domerwen semble avoir prouvé d'une
manière incontestable que ce petit poisson n'é-
tait autre chose que le frai de l'alose, et qu'il
appartenait au genre des clupées. Cette raison

nous a déterminé à le placer après le hareng et les autres poissons de cette espèce.

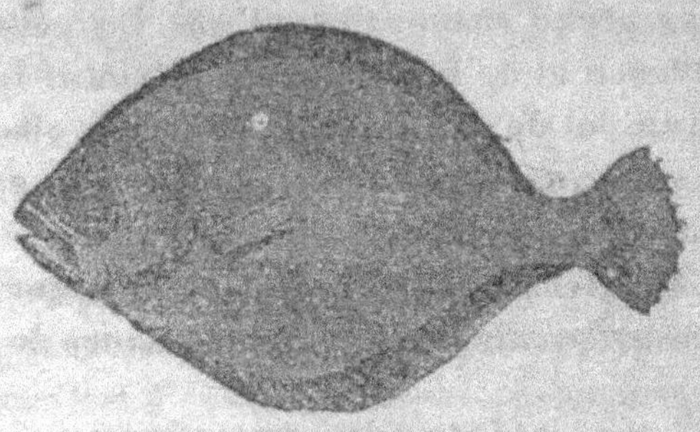

LE TURBOT

Le turbot, comme tous les poissons plats, atteint une grosseur considérable. On en a vu qui pesaient entre vingt-cinq et trente livres.

Les turbots ont une forme presque carrée. Les poissons plats nagent sur le côté; ce qui les a fait classer tous par Linnée sous le nom générique de pleuronectes. Les autres individus de ce genre ont les deux yeux à la droite de la tête, le turbot les a à la gauche. Ce qu'il y a de remarquable dans ce poisson, c'est que, tandis que les parties inférieures sont d'un blanc brillant, les parties supérieures sont colorées de taches; de telle sorte que lorsque le poisson est à demi plongé dans la vase ou la boue, il échappe entièrement à la vue. Le turbot connaît si bien cette singularité, qu'au moindre danger qui le menace, il s'enfonce dans la vase et demeure immobile. Le pêcheur expérimenté, ne pouvant plus le découvrir des yeux, a recours à une sorte de faucille, et le déterre ainsi. Le turbot ne se sert pas seulement de ce moyen pour se garantir; c'est aussi une ruse qu'il met en œuvre pour attirer ses imprudentes victimes et les saisir avec plus d'assurance.

Les meilleurs turbots se pêchent sur les côtes de la Hollande et de l'Angleterre. A Yorkshire on va à la recherche des turbots dans des canots qui portent trois hommes; chacun d'eux est pourvu de trois lignes d'une longueur extrême armées de deux cent quatre-vingts crochets séparés l'un de l'autre d'environ six pieds. Des plombs maintiennent les lignes dans le fond de la mer, et l'on se règle sur la marée pour jeter ou relever les cordes; les chaloupes ont près de vingt pieds de long et cinq de large. Elles sont assez fortes pour résister aux fureurs de la mer, et sont pourvues au besoin de trois rangs de rames et d'une voile.

On se sert ordinairement pour amorcer les turbots, de harengs frais coupés en long, de petites lamproies, de morceaux de morue, de vers de terre, de moules. A défaut de ces appâts, les pêcheurs ont recours au foie de bœuf.

Les turbots sont si difficiles dans le choix de l'appât qu'on leur présente, qu'ils ne touchent guère qu'à des poissons vivants ou très frais. Ils ne sont pas non plus attirés par des amorces auxquelles d'autres poissons ont mordu.

LA SOLE.

Ce poisson délicieux offre une singularité fort remarquable : il se nourrit quelquefois de coquillages, quoique sa bouche soit dépourvue d'instruments propres à réduire un tel mets à l'état convenable de digestion. Il faut supposer que la puissance de son estomac supplée à ce défaut de la mastication.

Sa nourriture ordinaire se compose de frai et de jeunes poissons.

On trouve des soles sur toutes les côtes de l'Angleterre, mais celles des côtes occidentales sont bien supérieures à celles du nord; elles pèsent quelquefois entre vingt-six ou vingt-sept livres.

La pêche la plus considérable se fait à Torbay.

Pendant l'hiver, les soles se retirent dans les profondeurs de l'eau; mais à l'approche du printemps elles vont chercher les côtes de la mer et l'embouchure des rivières. Sur les bancs de sable on les prend au tramail, et sur les côtes, au moyen de la seine.

La sole se conserve, sans se corrompre, plus long-temps que beaucoup d'autres poissons: sa

chair acquiert même par le transport de la mer
une qualité supérieure.

LE FLEZ.

LE flez ne diffère de la plie, que par la privation des six tubercules derrière l'œil gauche. Il
a aussi le corps un peu p'us long et plus épais
quand il atteint toute sa croissance.

On le trouve abondamment dans la plupart
des mers d'Europe ; il remonte souvent très
avant dans les rivières.

Les flez sont sur-tout recherchés depuis le
printemps jusqu'en automne: ceux qu'on prend
dans les eaux douces, passent pour les meilleurs.

LE CHÉTODON BORDÉ.

LA tête de ce singulier poisson est large; les yeux sont petits et placés près du sommet; la pupille est noire, l'iris d'un jaune d'or; les ouvertures des ouïes sont larges; l'opercule est armée d'un aiguillon. La ligne latérale est composée de points blancs; le brun est la couleur dominante, vers le dos elle tire sur le noir; la queue n'est pas partagée. Cette espèce habite les côtes du Brésil et quelques autres parties de l'Amérique méridionale. Ce poisson atteint près de six pouces de longueur.

Pendant l'hiver ou les temps pluvieux, les chétodons se tiennent au fond de la mer près des côtes; au printemps, dans les bas-fonds près du rivage. Lorsqu'en été le soleil est dans toute sa vigueur, ils trouvent un abri contre la chaleur dévorante de la saison, en plongeant à une profondeur de cinquante à soixante pieds.

Ils fraient dans les temps les plus froids de l'année; et comme ils sont d'une grande vivacité, on les prend jeunes, et on les élève dans des vases où ils se conservent sans prendre aucun accroissement.

LE CHÉTODON A BEC.

Ce poisson, le plus remarquable de l'espèce appartient à l'Inde, où il se tient sur les côtes ou à l'embouchure des rivières: il a quelquefois près de six pouces de long. Il est d'une couleur blanchâtre, ou d'un brun très pâle, avec quatre ou cinq bandes transversales noires et bordées de blanc de chaque côté; les nageoires dorsales et anales sont très larges, et sur la base de la première se trouve une grande tache noire, ovale. Le museau est prolongé et cylindrique: c'est l'instrument qui fournit à l'animal sa subsistance.

Ce chétodon se nourrit principalement de mouches et d'autres petits insectes qui se montrent sur l'eau.

Lorsqu'il a vu une mouche sur une plante, il s'avance lentement, fixe l'insecte, demeure un moment immobile; puis sans élever sa bouche au-dessus de la surface, il lance de son museau cylindrique une goutte d'eau. Il s'y prend avec une telle adresse qu'à une distance de quatre, cinq, et même six pieds, il ne manque jamais de faire tomber la mouche dans l'eau.

Cette habileté lui a fait donner par quelques naturalistes le nom de jaculateur ou poisson archer.

LE SCORPION VOLANT.

Ce poisson a la tête tronquée, large sur le devant, comprimée des deux côtés, et garnie de forts aiguillons et de barbillons frangés; les plus longs recouvrent les yeux, et les plus larges les coins de la bouche. Des bandes transversales, alternativement jaunes et blanches, nuancent les raies brunes de la tête et du corps. La bouche est large; les mâchoires sont d'une longueur égale, et armées d'un grand nombre de petites dents aiguës; la langue est petite, pointue et libre dans ses mouvements; les lèvres sont aussi extensibles; la lèvre supérieure est composée de deux os qui se joignent au milieu par une bosse; les narines sont entre la bouche et les yeux ; la pupille est noire; l'iris présente des rayons bleus et noirs ; l'opercule des ouïes se termine en angle aigu, et est garni d'écailles très minces;

l'ouverture est large; et la membrane branchiale
est en grande partie nue; les écailles du corps
sont petites, et posent l'une sur l'autre comme
les tuiles qui couvrent les maisons; des points
blancs marquent le cours de la ligne latérale;
la membrane des nageoires pectorales est d'un
fond violet tacheté de blanc. Ce sont ces larges
nageoires qui probablement permettent au poisson de s'élancer hors de l'eau, lorsqu'il est poursuivi par ses ennemis.

Les douze premiers rayons de la nageoire
dorsale, réunis au bas par une membrane d'un
brun foncé, et libres en haut, sont aiguillonnés,
tachetés de brun et de jaune. Les derniers douze
rayons, de même que ceux des nageoires anales
et caudales, sont partagés à leur extrémité, et
tachetés de blanc et de jaune. Les nageoires ventrales sont violettes et tachetées de blanc. La
peau est comme du parchemin.

Le poisson bigarré ne se tient que dans les
rivières d'Amboine et du Japon; et là même il
n'est pas fort commun: on le voit aussi à Tran-
quebar. Sa chair est blanche, ferme, d'un bon
goût; elle n'est pas inférieure à celle de nos
perches.

Le scorpion appartient a l'espèce vorace: il se
nourrit de jeunes poissons: on a trouvé dans son
estomac des poissons entiers de près de deux
pouces de long.

LE SCORPION DE MER.

CE poisson appartient au genre des lottes ; il n'a guère plus de huit pouces de long ; le museau, le sommet de la tête et les nageoires dorsales, sont armés de longs aiguillons.

Ces poissons sont fort connus dans l'île de Terre-Neuve, et les habitants du Groënland se nourrissent de leur chair.

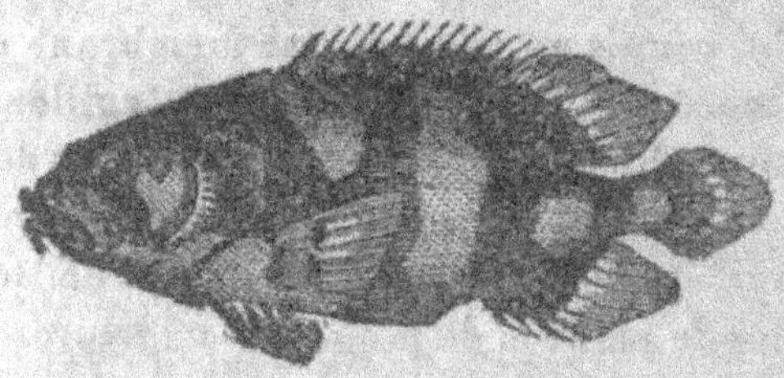

L'HOLOCENTRE LANCÉOLÉ.

L'HOLOCENTRE lancéolé a une grosse tête, et la bouche en proportion ; les osselets de la lèvre sont larges ; les mâchoires, d'une égale longueur, sont armées de plusieurs rangées de petites dents aiguës, de même que le palais ; la langue est molle et mobile ; les narines sont doubles ; les dernières sont près des yeux, autour desquels commencent les écailles, fines, délicates, et douces au toucher. La pupille est noire, l'iris bleu ; les ouïes ont une ouverture large ; la membrane est à demi cachée ; le corps est large, le ventre élevé, et l'anus au milieu du corps ; la couleur du poisson est argentée, nuancée par des lignes transversales, et des taches brunes; les rayons des nageoires sont presque tous partagés en quatre branches.

Cette espèce naît dans les Indes orientales, et tire son nom de la forme de ses nageoires.

Dans l'Océan indien, et sur les côtes de l'Amérique et de l'Afrique, on trouve des variétés de l'holocentre, qui sont très remarquables par l'éclat de leurs couleurs. La conformation de la bouche prouve qu'ils sont carnivores.

Ils se nourrissent le plus souvent de cancres, et de jeunes poissons qu'ils dévorent en entier.

Les naturels du pays trouvent leur chair fort agréable et bienfaisante.

LE PORC-ÉPIC DE MER.

Les piquants dont ce poisson est armé, lui ont fait donner le nom de porc-épic de mer. Quand il est irrité, il a la faculté de gonfler la partie inférieure de sa peau, au moyen d'une sorte de bulle d'air intérieure. Outre ces piquants, qui sont plus longs aux côtés que sur le dos, quelques espèces ont un casque osseux.

La tête est petite, les yeux gros, la pupille noire, et l'iris jaune; les narines sont rapprochées des yeux; l'ouverture des ouïes est en forme de croissant et tient aux nageoires pectorales.

Le dos est bleu; les côtés et le ventre sont blancs; les nageoires sont toutes courtes et couvertes de taches noires et de raies branchues. Le corps est couvert de taches brunes plus ou moins foncées.

Cette espèce ne se trouve pas seulement en Amérique; on la voit encore dans la mer rouge, et sur les côtes du Japon. A New-York où ils ne se montrent que dans l'été, les habitants du pays ne les prennent que par divertissement. On leur jette une ligne amorcée de la queue d'un cancre de mer; le poisson s'approche, mais effrayé à la vue de la ligne, il tourne et retourne à plusieurs reprises autour de l'appât; enfin il y mord; mais rejetant promptement le morceau perfide, il passe outre, frappe l'amorce de sa queue, comme s'il dédaignait d'y porter ses regards; mais la ligne demeurant immobile, il y retourne bientôt, se jette sur l'appât, et avale l'hameçon et tout ce qui y tient. Quand il se voit pris, il entre en fureur, hérisse ses épines, gonfle son ventre, et cherche à blesser tout ce qui l'approche. Comme ces moyens ne le sauvent pas, il a recours à la ruse, joue la soumission, couche ses

épines, resserre son corps, et se montre aussi
souple qu'un gant. Quand cette seconde ressource
est encore sans succès, il reprend son attitude
défensive et redouble de rage. Ses épines vigou-
reuses lui couvrent tellement le corps, qu'il est
impossible de le prendre à la main; on le traîne
à une grande distance où il se débat et finit enfin
par mourir.

On ne peut guère louer un divertissement qui
n'a d'autre but que de contempler la longue
agonie d'un animal paisible, et qui ne cherche
point à faire de mal.

Le foie de ce poisson est venimeux.

LE CRAPAUD DE MER TACHETÉ.

La tête de ce poisson est petite; la mâchoire
inférieure s'avance au-delà de la supérieure;
elles sont l'une et l'autre pourvues de dents très
petites et bien alignées, au milieu desquelles il
y a un cartilage qui tient lieu de langue. Les
lèvres et plusieurs autres parties du corps ont

des barbes; le corps est comprimé latéralement et parsemé d'aiguillons crochus. La tête et le dos sont larges d'abord, mais vont en diminuant vers la queue; le ventre est épais et gonflé. De la lèvre supérieure sort un barbillon élastique, au bout duquel se trouve deux longues substances charnues qui semblent formées pour retenir la proie; derrière ce barbillon il y a une autre raie charnue; entre cette dernière et la nageoire dorsale, se trouve une seconde raie plus forte, toutes deux tiennent au dos par une peau. Ce poisson, mauvais nageur, se sert de ces différents instruments pour saisir sa proie. Les narines sont rapprochées de la bouche; les yeux sont ronds; la pupille est noire et l'iris d'un jaune nuancé de brun.

Le crapaud de mer est jaune sur les côtés et sur le dos, brun sous le ventre; les couleurs et la forme du corps et des nageoires ne sont pas uniformes: dans quelques individus, les raies sont larges; dans d'autres, longues; les unes sont tachetées de blanc; d'autres ont des taches brunes, bordées de blanc.

Les nageoires pectorales ou ventrales donnent à ce crapaud l'apparence d'un quadrupède; mais aux autres nageoires, on reconnaît le poisson. Il n'a pas de ligne latérale.

La peau du ventre est mince, et ne tient à la chair çà et là, que par quelques petits bandages.

Ce poisson se trouve au Brésil et dans la Chine: il ne se tient généralement qu'au fond de la mer, entre les plantes marines et les pierres.

Les pécheurs ménagent beaucoup ce poisson, d'un aspect dégoûtant; quand par hasard il se trouve engagé dans leurs filets, ils le mettent aussitôt en liberté. Il doit cette faveur à son inimitié contre le chien de mer.

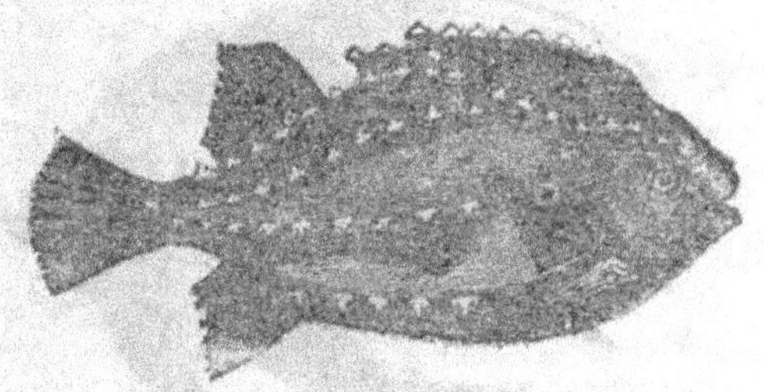

LE BOUCLIER LOMPE.

L'HISTOIRE de ce poisson a long-temps été un véritable roman; amour constant, tendresse toujours vive, petits soins animés encore par la possession de l'objet aimé, fidélité conjugale à toute épreuve, dévouement paternel sans bornes: tout se trouvait réuni dans cet étonnant habitant des eaux; mais hélas, la sévère vérité lui a enlevé tous ses titres à notre admiration, et l'a dépouillé de tous ces prestiges enchanteurs, dont l'avait décoré l'imagination complaisante de quelques observateurs plus sensibles que judicieux.

Le bouclier lompe ou chouette marine, a le ventre très mince, mais enflé par une double vessie urinaire.

La bouche est dans la partie supérieure de la tête ; elle est large et remplie de dents nombreuses, mais disposées sans ordre ; la peau est couverte d'un suc huileux et épais ; toutes ses parties sont molles et lâches ; la surface du corps est généralement olive.

LE COQ DE MER.

Ce poisson a le corps très mince, d'une couleur argentée, tirant sur le rouge, et sans écailles apparentes ; la tête est grande, mais très penchée ; la bouche est large ; les mâchoires sont garnies de très petites dents, et la lèvre supérieure de deux grands osselets. Les narines sont doubles et rapprochées des yeux ; la pupille est noire, et l'iris d'un brun argenté ; l'ouverture des ouïes est large ; l'opercule est long, et consiste en une plaque, sous laquelle est cachée la membrane ; la ligne latérale est crochue à son origine. L'anus n'est pas loin des nageoires ventrales ; toutes les nageoires sont d'un gris clair ;

dans la nageoire dorsale, les neuf premiers rayons sont courts et durs, les quatre suivants sont longs et doux au toucher; les nageoires de la poitrine, du ventre et de la queue sont branchues.

Ce poisson vit sous tous les climats : on le trouve, dit-on, au Brésil, à la Jamaïque, aux Antilles, dans les Indes occidentales et à Malte; il peut atteindre jusqu'à huit pouces de longueur; il se nourrit de vers, d'insectes et d'autres petits animaux marins.

Sa chair est bonne.

LE RUBAN DE MER.

La tête de ce poisson est large au sommet; la bouche est grande, l'ouverture oblique; la mâchoire inférieure est plus longue que la supérieure; elles sont toutes deux armées de dents aiguës; une rangée se trouve dans celle de dessous, et deux dans celle de dessus; la langue est mince, large et âpre; les yeux sont grands et fixés au sommet de la tête; l'ouverture des ouïes est large, l'opercule simple; devant l'ouverture se trouvent cinq petits trous et quelques autres de la même forme près des yeux, par où se fait probablement la sécrétion d'une matière grasse et visqueuse.

La forme de ce poisson est très mince et conique; le corps qui a près de douze pouces de long n'en a pas un d'épaisseur; il est d'une couleur

argentée et demi-transparent; les nageoires pectorales sont petites, et leurs rayons si faibles,
qu'ils sont presque imperceptibles; derrière la
tête s'élève la nageoire dorsale, qui se prolonge
jusqu'à la queue où elle rencontre la nageoire
anale, dont l'origine est si rapprochée de la
gorge, que l'anus est immédiatement situé au
bas de l'angle de la mâchoire inférieure; les
couleurs des nageoires jettent un éclat très vif;
elles sont d'un beau rouge relevé par des teintes
plus ou moins foncées; la tête est argentée et
tachetée de roux; le dos est gris; et les côtés et
le ventre sont couleur d'argent.

Ce poisson se trouve dans la Méditerranée : on
le vend sur les marchés de Rome; mais sa chair,
d'une mauvaise qualité, ne sert e plus souvent
que pour amorcer les hameçons.

Il se tient dans les marécages près des côtes,
ne vit que de cancres et d'autres petits coquillages. On le prend à la ligne.

LE POISSON VOLANT.

Le poisson volant, à l'exception de sa tête et

de son dos aplati, a de grands traits de ressemblance avec le mulle.

Il a généralement près de neuf ponces de long
et quatre de tour à la partie la plus épaisse; la
peau est très solide; les écailles sont grandes et
argentées; les nageoires pectorales sont très
longues; celle du dos est petite et rapprochée de
la queue qui est fourchue. Les yeux, en raison
de la grosseur de la tête, sont très bien placés
pour découvrir de loin l'approche de l'ennemi
ou de quelque proie. Le poisson peut sortir ses
yeux de leur orbite et donner par là un grand
accroissement à la sphère visuelle.

Les poissons volants habitent les mers d'Europe, d'Amérique, et la mer Rouge; mais on ne
le trouve le plus communément que vers les
Tropiques. Les ailes qui lui donnent la facilité
de s'élever dans l'air, ne sont autre chose que
de grosses nageoires pectorales composées de
sept ou de huit rubans ou rayons, liés entre eux
par une membrane flexible, transparente et
glutineuse. Elles prennent leur origine près des
ouïes, et sont capables de se mouvoir en avant
et en arrière.

Elles guident aussi les mouvements du poisson
dans l'eau; et à bien considérer la longueur et
la surface de ces avirons, comparativement à la
grosseur du corps, le poisson doit fendre les
eaux avec une grande rapidité.

Lorsqu'il vole, il ne déploie pas seulement
ses ailes et ses nageoires, mais encore sa queue.

Il rase quelquefois la surface de l'eau à la manière de l'hirondelle, mais en ligne droite ; le noir de son dos, la blancheur de son ventre, et sa queue fourchue, lui donnent encore d'autres ressemblances marquantes avec cet oiseau. Au moment de s'élever, il frappe la surface de l'eau, et s'envole alors avec une vigueur étonnante.

On a voulu remarquer que tous les êtres animés semblaient conjurés contre ce petit poisson, qui semble ne posséder la double faculté de nager et de voler, que pour avoir plus de dangers à redouter. S'il échappe à ses ennemis dans l'abîme des ondes, il est dévoré par les oiseaux d'eau qui l'attendent dans les airs. Sa destinée cependant ne nous semble pas si malheureuse : comme poisson il doit souvent échapper aux attaques des oiseaux, et ses ailes lui offrent une ressource puissante contre ses persécuteurs aquatiques. La dorade est un de ses ennemis les plus redoutables dans la mer ; et lorsqu'il prend son vol, il est poursuivi par les oiseaux des tropiques.

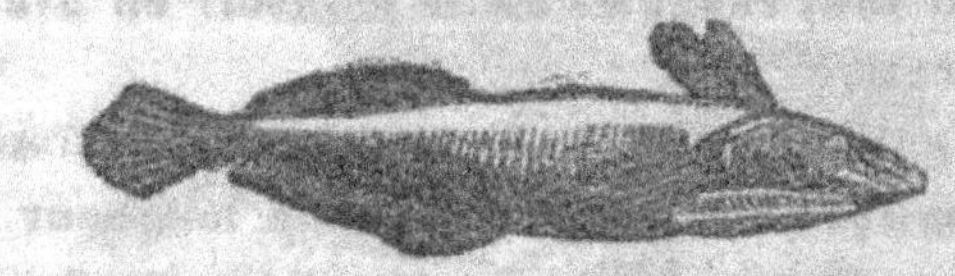

LE RÉMORA.

On connaît trois espèces de ce poisson : elles se trouvent souvent dans la Méditerranée et l'Océan pacifique. Le rémora ordinaire qui habite plusieurs parties de l'Océan, n'a pas un pied de longueur.

Le dos est convexe et noir, le ventre blanc; il a six nageoires; deux derrière les ouïes, deux autres sous la gorge, une autre plus longue sur le dos, enfin une derrière sous le ventre; la queue est conique.

La tête, volumineuse, ovale et aplatie, est chargée d'une plaque longitudinale; le disque de cette plaque est armé de petites lames placées transversalement, dont les dents servent au poisson, comme autant de crochets, pour se tenir cramponné, comme on le trouve souvent de cette sorte aux côtés d'un vaisseau, ou au corps d'un squale ou autre grand poisson de mer.

Les anciens, amateurs du merveilleux, donnaient à cette adhérence une vertu bien plus grande: ils s'imaginaient que le rémora avait le pouvoir d'arrêter la course d'un vaisseau en s'accrochant à la carène (*). Les Indiens de Cuba et de la Jamaïque tournaient autrefois cette propriété du rémora à leur avantage; ils apprivoisaient ce poisson et le faisaient servir à la pêche. Ils attachaient le rémora par une corde mince mais forte, et le descendaient dans l'eau, où il poursuivait et prenait tous les poissons

___

(*) Pline a raconter qu'un rémora fit perdre à Antoine la bataille d'Actium, en arrêtant les navires de ce général au moment où il allait parcourir les rangs de sa flotte et exhorter les siens.

qu'il apercevait, en se cramponnant sur leur corps.

On mange la chair de ce poisson ; elle a un goût d'artichaut frit.

LA DORADE RAYÉE

LA tête de ce poisson est comprimée; la bouche est grosse; les mâchoires sont d'une égale longueur; sur le devant de ces mâchoires se trouvent deux fortes dents canines; les dents de derrière sont aplaties et ressemblent aux mâchelières des quadrupèdes; les narines sont simples et rapprochées des yeux ; ces derniers sont petits; la pupille noire et l'iris bleu; l'ouverture des ouies est large et la membrane peu apparente; le corps est d'une couleur jaune coupée par six ou sept bandes transversales brunes; les écailles sont larges, minces, douces, et s'étendent sur les nageoires dorsales et anales. La ligne latérale descend en ligne droite le long du dos jusqu'au bout de la nageoire dorsale. Ce poisson se trouve sur les côtes du Japon et de la mer Rouge.

LE COBITE GROS-YEUX.

La tête de ce poisson est plus large que haute ;
la mâchoire inférieure est plus avancée que la
supérieure ; et ce que l'on ne voit pas dans les
autres poissons, elle s'allonge et se replie vers
la base ; les deux mâchoires, ainsi que la langue
et le palais, sont hérissés de dents ; des barbillons
s'élèvent aux extrémités des lèvres. Les narines
sont simples et rapprochées de la bouche ; les
yeux sont ce qu'il y a de plus remarquable dans
ce poisson : ils sont divisés en deux portions distinctes ou en deux pupilles ; ce qui a fait donner
à ce cobite le nom de quatre yeux. La cavité de
l'œil est d'une forme particulière ; elle n'est pas
cylindrique comme dans le reste des animaux ;
elle n'a cette forme qu'en partie ; de chaque côté
du sommet de la tête, s'avance une membrane
arquée ; ces deux membranes se joignent, et
dans la cavité qu'elles forment, repose l'œil ; il
est gros et saillant ; et comme l'angle intérieur
est également lumineux, on croit voir deux pupilles.

Les opercules des ouïes sont doux et visqueux ;
le corps est, vers le haut, plus large qu'épais,
vers la queue il s'arrondit ; les côtes sont ornées

de cinq bandes longitudinales d'un brun foncé,
lesquelles descendent jusqu'à la queue, où les
deux extrêmes sont liées entre elles par une
bande transversale; la ligne latérale est à peine
visible; l'anus est plus rapproché de la queue
que de la tête; la nageoire dorsale est petite et
proche de la queue; toutes les nageoires, à l'exception des ventrales, sont couvertes de petites
écailles; celles du corps sont plus grosses.

Les petits de ce poisson sortent de l'œuf dans
le ventre de la mère.

Ce cobite se trouve dans les rivières de Surinam, près des côtes de la mer. Il multiplie beaucoup; les habitants estiment sa chair; il a entre
six et dix pouces de long.

Linnée le rapporte au genre des loches; mais
il a tant de traits particuliers, que Bloch en a
fait un genre à part, sous le nom d'anableps.

LE POISSON TROMPETTE.

Ce poisson appartient au genre des centrisques;
il porte aussi le nom de centrisque bécasse et
de soufflet. Le corps est large et court, latéralement comprimé, et d'une forme très semblable
à celle d'un soufflet. La couleur est d'un roux

pâle; le corps, large par le haut, est terminé en
cylindre. La bouche est petite, mais son ouverture s'étend jusqu'à l'extrémité du long museau.
Cette ouverture est fermée par la mâchoire inférieure, qui entre dans la supérieure comme le
couvercle d'une tabatière. Les narines sont doubles et rapprochées des yeux; ceux-ci sont gros;
la pupille noire, et l'iris d'un roux pâle. Les
opercules des ouïes sont simples; l'ouverture est
large et recouvre la membrane en-dessous. Le
poisson peut cacher ses nageoires ventrales dans
un sillon osseux; toutes les nageoires sont d'une
couleur grise. Le corps est couvert d'écailles, et
rude au toucher.

Ce poisson se tient dans la Méditerranée; on
le rencontre aussi sur l'Océan: mais il est probablement alors égaré par la tempête; on ne le
voit jamais dans des temps calmes. Sa chair est
tendre, agréable et facile à digérer; mais comme
il est très maigre, on l'achète ordinairement à
vil prix avec d'autres petits poissons.

Ses nageoires sont trop petites pour qu'il
puisse, en nageant, échapper assez précipitamment à la poursuite de ses ennemis; mais la providence l'a pourvu d'une forte arme de défense.
Le premier rayon de sa nageoire dorsale est
très fort, mobile et dentelé des deux côtés. Au
moyen de cette sorte d'aiguillon, le poisson ne
craint aucun de ses adversaires, et ne peut être
vaincu que par surprise.

Les marins lui ont donné le nom de trompette,

par allusion au bruit qu'il fait entendre en rejetant l'eau de son long museau. Ceux qui lui donnent le nom de bécasse ont égard à la forme
allongée de ce museau. Nous savons déjà d'où
lui vient le nom de soufflet.

LE POISSON PIPE DE TABAC,

OU TROMPETTE PÉTIMBE.

CETTE espèce se voit dans les mers de l'Amérique et du Japon.

La tête est très longue, quadrangulaire et
garnie de rayons; l'ouverture de la bouche est
large, et dans une direction oblique; la mâchoire
inférieure s'avance un peu sur la supérieure;
les dents sont petites; la langue mobile; les narines doubles et rapprochées des gros yeux; la
pupille est noire, et l'iris argenté; le corps privé
d'écailles apparentes, est aplati sur le devant,
et arrondi vers la queue. La ligne latérale est
droite; l'anus est plus près de la nageoire caudale
que de la latérale; le ventre est long; les nageoires sont courtes et d'un roux pâle; les rayons
sont presque tous divisés par quatre branches.
Ce poisson est brun, tacheté de bleu au dos et
aux côtés; le ventre est argenté.

Sa longueur ordinaire semble être de douze
à dix-huit pouces, non compris l'appendice qui
part de l'extrémité de l'épine du dos, et dont la
longueur est ordinairement égale à celle du

corps proprement dit. On a vu dans quelques
individus deux de ces filaments.

Il ne vit que de frai et d'écrevisses de mer.

Il se trouve en abondance ; mais sa chair maigre et fade, est peu recherchée.

L'ANGUILLE COMMUNE.

L'ANGUILLE forme évidemment, dans la chaîne
de la nature, la ligne d'alliance entre les poissons et les serpents ; elle ne ressemble pas seulement à ces derniers par la forme de son corps ;
elle partage encore une grande partie de leurs
habitudes.

Elle sort quelquefois de son élément, rampe
sur la terre comme le serpent, soit pour chercher de nouvelles eaux, soit pour aller prendre,
dans les prés, des vers, des insectes, des escargots ; même, dit-on, pour aller manger les pois
nouvellement semés. Ces courses ne se font que
de nuit.

Les anguilles se tiennent ordinairement enfoncées dans la vase, entre les plantes marines,

sous les racines ou les troncs des arbres, quelquefois aussi dans des trous qu'elles se sont creusés dans les rivages. Elles se plaisent dans les eaux lentes, sur-tout dans celles dont le lit est couvert de vase.

Leur meilleure saison est depuis le mois de mai jusqu'en juillet : on les prend à la ligne jusqu'en septembre. Quand les pluies ont grossi les eaux, on peut les pêcher pendant toute la journée ; mais les meilleures sont celles qu'on prend la nuit. On les amorce ordinairement avec des goujons et toutes sortes de vers.

L'anguille ordinaire a rarement un pied de long ; la tête est comprimée et plus mince que le corps ; la mâchoire supérieure est moins grosse que l'inférieure ; le corps cylindrique ; les nageoires sont à peine visibles.

Ce poisson est vivipare.

L'ANGUILLE CONGRE est une des plus considérables de l'espèce : on a vu de ces anguilles qui avaient plus de dix pieds de long, et leur férocité répond à cette longueur énorme. Il n'est pas facile de prendre cette anguille ; elle combat avec furie, et ce n'est qu'après une vigoureuse défense qu'elle tombe au pouvoir du pêcheur. Au mois d'août 1803, une de ces anguilles, prise à Yarmouth, tua son ravisseur avant qu'il pût être secouru.

L'ANGUILLE NETTED.

La tête et la bouche de cette jolie espèce sont

petites et sans barbillons : les yeux sont proches
des lèvres et d'une couleur bleue et blanche ;
les dents sont séparées l'une de l'autre : celles
du devant sont les plus longues ; le corps est
élégamment varié de taches noires et blanches ;
la nageoire dorsale s'étend tout le long du dos.

Cette espèce atteint de deux à trois pieds de
longueur : elle se trouve près des côtes de Tran-
quebar. On ne sait que peu de choses de son
histoire.

L'ANGUILLE CORDARED.

Ce poisson appartient aux mers des Indes occidentales : il a près de trente pouces de longueur,
y compris l'appendice au bout de la queue. Le
corps est d'une belle teinte argentée ; les nageoires et l'appendice caudale sont d'un brun
pâle : le corps diminue progressivement jusque
vers la queue, qui se termine en pointe très
fine ; les nageoires pectorales sont petites ; la
caudale a cinq rayons épineux.

L'ANGUILLE DE SABLE.

La tête de ce poisson est oblongue, comprimée
latéralement et plus mince que le tronc. La lèvre
supérieure est double ; deux os hérissés de dents
sont placés près du gosier : l'ouverture des ouïes
est large ; les joues, les côtés et le ventre sont
d'une couleur argentée : les narines sont doubles, placées entre les yeux et la bouche ; les

yeux sont petits, la pupille noire et l'iris argenté.
Le dos est rond et pourvu d'un sillon propre a
recevoir la nageoire dorsale. Les lignes latérales
se prolongent en droite ligne au milieu du corps,
une autre se rapproche du dos et une dernière
du ventre. Les rayons des nageoires sont doux,
unis par une faible membrane; ils sont simples
aux nageoires du dos et de l'anus, et divisés à
celles de la poitrine et de la queue; celle-ci est
bifourchue.

Ce poisson se trouve dans la mer Baltique et
du Nord: on le voit fréquemment dans le sable,
près des côtes de l'Angleterre. Le sable est sa
demeure habituelle, d'où lui vient son nom. Il
se nourrit de vers d'eau, qu'il déterre avec son
fort museau ; il mange aussi les jeunes de sa
propre espèce, et on en a trouvé dans son estomac qui avaient plus d'un pouce de long. Il vient
rarement à la surface de l'eau; mais dans les
beaux jours on peut le voir frétiller comme un
serpent, ayant la tête cachée dans le sable. Tous
les poissons voraces lui font la guerre.

Ces anguilles fraient au mois de mai, et déposent leurs œufs dans le sable, à peu de distance
des côtes.

On les prend dans leur retraite sablonneuse
au reflux de la marée; on ne les emploie le plus
souvent que pour amorcer; quelquefois on les
mange. Quelques naturalistes prétendent que sa
chair est mauvaise, insipide; d'autres assurent
qu'elle est fort délicate. Les Groënlandais la

mangent fraiche et salée, mais eux aussi ils ne
la prennent le plus souvent que pour amorcer
leur ligne.

Les écailles de ce poisson sont très petites et
minces.

LE POISSON PAPILLON.

Ce poisson appartient au genre des blennies:
il a la tête grosse, les yeux saillants et très gros,
la pupille noire et l'iris orangé; la bouche est
grande; les mâchoires, d'une égale longueur,
sont garnies de fort petites dents étroitement
serrées; la langue est large mais courte; les
ouïes sont larges, les joues grosses et d'une couleur argentée; le dos est rond et d'un vert foncé;
le ventre est court mais large. Le fond des couleurs de ce poisson est d'un vert obscur, avec
des taches brunes. Dans quelques individus cependant la couleur générale est d'un beau bleu;
la nageoire dorsale est marquetée de noir.

Ce poisson se tient dans la mer Méditerranée,
à Marseille, à Venise; dans la Sardaigne on le
voit aux marchés avec les autres petits poissons;
il n'a guère plus de six pouces de long.

Il se tient près des côtes, et vit de cancres et
de petits coquillages; ses écailles sont à peine
visibles.

Quelques naturalistes lui donnent deux nageoires dorsales, d'autres ne lui en donnent
qu'une : cette contradiction vient de ce que ses

nageoires sont quelquefois réunies par une membrane.

LA TORTUE MARINE.

La tortue franche, la caouane et le caret sont les trois espèces principales de la tortue marine. Le caret donne ces belles écailles connues sous le nom d'écailles de tortue.

La caouane est un animal hardi et farouche; sa chair se ressent de la nature de ses aliments: elle est huileuse, rance, coriace, filamenteuse, et d'un mauvais goût de marée.

La tortue franche fait les délices de nos épicuriens. Elle est originaire des Indes occidentales: elle a quelquefois plus de six pieds de long, et entre cinq ou six quintaux de poids. Dampierre raconte que le fils du capitaine Roch, enfant de six ans, navigua depuis la côte, jusque vers le vaisseau de son père, dans une écaille de tortue franche.

Cette espèce se nourrit d'herbages, de plantes qui croissent près des bancs de sable.

La femelle pond vers le mois d'avril : elle fait souvent plus d'un cent d'œufs qu'elle recouvre de sable.

On prend ordinairement la tortue franche, soit en la chavirant sur le dos lorsqu'elle est endormie, soit en la harponnant lorsqu'elle nage sur la surface de l'eau. Dans la mer du Sud un plongeur hardi se jette dans la mer à quelque distance de l'endroit où il a vu la tortue, saisit sa carapace vers la queue, et l'arrête jusqu'à ce qu'on vienne la pêcher.

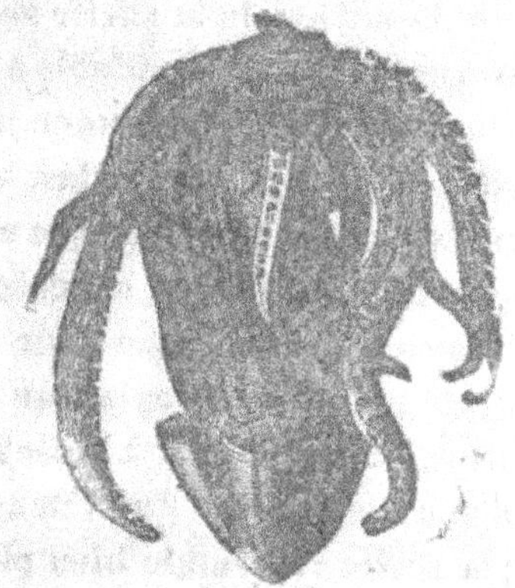

LA SÈCHE OFFICINALE.

Ce singulier animal a huit bras coniques et garnis à leur surface interne de plusieurs rangées de verrues concaves, qui lui servent à s'attacher à tout ce qu'il veut saisir. Outre ces huit bras, la sèche en a deux autres encore beaucoup plus longs, et comme pédonculés. Quand elle a

saisi quelque objet, il est très difficile de lui
faire lâcher prise. Au centre de ses bras, est
située une bouche, armée, crochue et semblable
au bec du perroquet ; elle est d'une telle force
que l'animal broye facilement les écailles des
testacées marins qui composent sa nourriture ;
les yeux sont au bas ; ils sont entourés de plusieurs cercles argentés : ils sont gros, saillants,
et ressemblent à ceux des crabes. Le corps presque cylindrique, est d'un brun rougeâtre ; le
dessous du ventre est uni, doux au toucher,
d'une forme oblongue et d'un cendré faiblement
jaunâtre. Vers le milieu de la partie supérieure
du corps est une nageoire semblable à celle des
poissons, composée d'une substance cartilagineuse, qui se déploie des deux côtés, va en dé-
croissant vers la queue, et se termine en pointe,
à peu près comme les larges nageoires de la
raie. Ce cartilage sert à la sèche pour nager et
se diriger. Cette pointe cartilagineuse a engagé
quelques naturalistes à donner à la sèche le nom
d'araignée d'eau, quoiqu'il n'y ait aucun rapport
entre elles ; la sèche ressemble bien plus à l'as-
terie. Sous plusieurs rapports, ce poisson est
vraiment un animal formidable : ses bras sont
assez vigoureux pour résister à la violence des
vagues.

La femelle pond ses œufs sur des plantes marines ; ils sont réunis et disposés en grappes
comme des raisins ; ils sont blancs lors de la
ponte ; le mâle survient aussitôt, et les imprègne

d'une couleur noire qui les grossit et les fait
ressembler à des grappes noires. En ouvrant un
de ces œufs, on trouve l'embrion vivant. Le cri
de la sèche, lorsqu'on la tire hors de l'eau, ressemble au grognement du porc.

Quand le mâle est poursuivi par le loup marin
ou par quelque autre animal de proie, il a recours à la ruse pour éloigner le danger, il épand
de son corps une liqueur noire qui obscurcit
l'eau, et lui permet de s'échapper. Cette liqueur
est évacuée par un petit canal qui aboutit à l'a-
nus. Elle servait d'encre aux Romains; on dit
qu'elle entre dans la composition de l'encre des
Indes.

Dans le corps de ce poisson, on trouve une
espèce d'os opaque, très léger, spongieux, fria-
ble, qui est d'une grande utilité dans plusieurs
arts.

Les anciens faisaient grand cas de la sèche :
on la mange encore aujourd'hui dans plusieurs
contrées qui bordent la Méditerranée.

Dans les climats chauds, les sèches atteignent
une grandeur gigantesque : au rapport des Indiens, elles ont souvent deux brasses de largeur
au-dessus du centre, et chaque bras a neuf brasses de long. Ces grandes sèches appartiennent à
l'espèce de la sèche à huit bras; elles n'ont pas
les deux tentacules supplémentaires de la sèche
officinale.

Quand les Indiens, sur leurs petits canots s'a-
vancent contre elles, ils ont soin de se munir

d'une hache, afin de leur amputer les bras, au moment où elles les ouvrent pour saisir les canots, et les attirer sous l'eau.

Quand on mange la sèche, on la sert dans sa propre liqueur, à qui la cuisson donne une couleur rouge. Si on la sert dans un appartement sombre et qu'on la découpe, toute la pièce est aussitôt illuminée.

L'ÉCHINUS ou L'OURSIN DE MER.

LES espèces de l'oursin de mer sont tres nombreuses, et les individus diffèrent entre eux de forme. Le grand caractéristique de l'espèce en général, est que ces poissons ont le corps orbiculaire, couvert d'une croûte osseuse, parsemée de piquants, et la bouche en dessous. Ces piquants servent à diriger leurs mouvements. L'oursin est ovipare; la femelle pond au printemps.

L'oursin ne vit que de testacées et de vers marins. Quelques-uns de l'espèce offrent une nourriture excellente. Ils ont souvent des couleurs et des formes de la plus grande beauté, et occupent une place distinguée dans les riches collections d'histoire naturelle.

Oppien nous apprend qu'on accordait à l'oursin de mer la faculté de recomposer et de réunir les parties disséminées de son corps.

Mortels, qui soumettez au pouvoir de vos coups
Tous ces monstres divers qui peuplent la nature,
L'ours a avec raison brave votre courroux.
Vous avez vu tomber sa redoutable armure;
Vous repaissez vos yeux de ses membres épais;
Déjà l'affreuse mort commence ses ravages,...

Quel prodige inouï vient frapper vos regards!
L'oursin, ce faible objet de vos puissants outrages,
Recueille ses débris, et créateur nouveau
Retrouve la naissance aux portes du tombeau.

Ce poisson a la bouche large, mais dépourvue de dents; la tête est aplatie.

L'ASTÉRIE, ou L'ÉTOILE DE MER.

Il y a plusieurs variétés de ce genre ; elles vivent presque toutes sur les côtes sablonneuses. Elles sont recouvertes d'une croûte coriace; du point central où se trouve placée la tête, sortent plus ou moins de rayons.

Un nombre prodigieux de tentacules, ou tubes charnus, partent de ces rayons, et semblent à la fois destinés à donner à l'animal le pouvoir de s'emparer de sa proie, et à lui servir de soutien dans sa marche. La bouche est armée de longues dents pour écraser les coquillages; l'astérie respire par les ouïes.

L'astérie commune, ou à cinq rayons, qui est l'espèce représentée dans la vignette, a cinq

rayons angulaires, dont les angles sont garnis
d'un grand nombre de protubérances. Elle est
d'un blanc brunâtre.

M. Bingley a observé dans une de ces astéries
plus de quatre mille tentacules au bas de ses
rayons.

L'ÉCREVISSE DE MER.

Le corselet des écrevisses est à peu près cylindrique; le devant de leur tête est prolongé en
bec ou en longue pointe horizontale, aplatie et
armée d'épines. Leurs yeux sont placés à côté
de cette partie. Entre les yeux se trouvent les
antennes; les extérieures sont les plus longues.
Les pattes des écrevisses ont leur attache le long
du dessous du corps à une peau dure et écail-
leuse; les deux antérieures ou les pinces, sont
fort longues et fort grosses; elles sont divisées
en cinq parties de formes inégales, et articulées
entre elles par des membranes. La plus éloignée
du corps s'appelle la main ou la serre; en avant
elle est munie de deux parties coniques qu'on

nomme les doigts, qui se terminent par un petit crochet très pointu. C'est avec les pinces que l'écrevisse prend sa proie ; elle les emploie aussi comme moyen de défense ; elle serre avec tant de force que, pour lui faire lâcher prise, il faut lui casser la patte ou brûler la queue.

Les huit autres pattes sont longues, effilées, et divisées chacune en cinq articles un peu aplatis ; la queue est composée de six pièces plus convexes au-dessus qu'en dessous et articulées entre elles par le moyen de membranes flexibles ; les nageoires caudales sont d'une forme ronde.

De même que toutes les autres écrevisses, celles de mer perdent tous les ans la peau : elles en reprennent une nouvelle au bout de quelques jours ; pendant ce temps, maigres et faibles, et sans moyen de défense, elles sont forcées de se cacher pour ne pas être attaquées et dévorées par celles de leurs sœurs, dont la mue n'a pas encore commencé. En même temps qu'elles renouvellent leur peau, elles renouvellent leur estomac et leurs intestins.

Ce poisson est excessivement prolifique. On a trouvé sous la queue d'une écrevisse femelle, entre douze et treize cents œufs ; les œufs sont déposés sur le sable et sont bientôt éclos.

Les écrevisses se trouvent sur toutes les côtes rocheuses de la grande Bretagne : on les prend quelquefois à la main ; mais le plus souvent, au moyen d'un piége, fait en forme de souricière,

qui ne permet plus à l'écrevisse de se retirer
lorsqu'elle y est entrée. On prend pour appât un
morceau de viande quelconque; la plus puante
est la meilleure.

Sur les côtes de Northumberland, on les prend
en si grande quantité, que dans l'année 1769, la
somme de l'exportation par mer, de Neuwbigger
et de Neuwton, se monta à près de douze mille
francs.

LE CRABE SOLDAT.

Le crabe soldat ou l'hermite, n'a guère moins
de quatre pouces de long. La partie postérieure
dépourvue d'écailles, est couverte d'une peau
âpre, qui se termine en pointe. Sur le devant,
il a deux pinces longues et fortes, dont l'une
est de la grosseur du pouce de l'homme, et fait
de profondes blessures; la queue est fournie
d'un crochet, qui lui sert de point d'appui en
se logeant. Il choisit sa demeure dans les coquillages abandonnés, change d'habitation suivant
le développement de son corps, et passe ainsi de

la petite Nérite jusques dans la grosse Whelk. La nature lui a refusé la forte enveloppe postérieure qu'elle a donnée aux autres espèces de ce genre; cette privation le force à se réfugier dans les demeures abandonnées des autres animaux. Il se traîne couvert de sa coquille; au moindre danger, il se retire dans l'intérieur de sa demeure, et ne laisse en évidence que ses deux pinces redoutables.

C'est un spectacle vraiment curieux que de voir ce crustacé disposé à changer de demeure: il se promène le long des côtes, traînant à sa queue sa vieille habitation que, malgré ses incommodités, il ne veut pas quitter avant d'en avoir trouvé une meilleure. Il passe en revue les nombreuses coquilles qui couvrent le rivage; s'arrête à l'une, tourne à l'entour, passe outre; en remarque une autre, l'examine pendant quelque temps, dégage sa queue de sa vieille maison, s'introduit dans la nouvelle; si elle ne lui convient pas, retourne à la première, répète les mêmes essais à plusieurs reprises, jusqu'à ce qu'enfin il ait trouvé l'objet de ses recherches. Il lui arrive souvent de se loger dans une coquille assez vaste pour s'y blotir entièrement, même pour y cacher ses serres. Il n'est pas rare de voir deux crabes se disputer la possession d'une coquille. Quand on le prend, il pousse un faible cri, et cherche à saisir son ennemi au moyen de ses pinces; il serre fortement, et meurt plutôt que de lâcher prise.

LE CRABE.

Le crabe commun a sur le devant trois incisions ; cinq dentelures de chaque côté, et les serres en crête ; sa couleur est d'un vert obscur, mais la cuisson lui donne une teinte rouge.

Il renouvelle son écaille tous les ans ; pendant cette mue il se retire dans les crevasses de rochers ou sous de grosses pierres.

Le crabe est excessivement querelleur, et lorsqu'il a saisi un de ses rivaux, il ne le lâche pas aisément. Le prisonnier n'a alors d'autre ressource que d'abandonner la partie de son corps qui se trouve prise, et la nature lui a accordé le pouvoir de recourir à cette ressource. Il tend fortement ses serres qui font un petit craquement ; aussitôt le membre blessé tombe, non à la jointure, comme on pourrait le croire, mais à la partie la plus lisse.

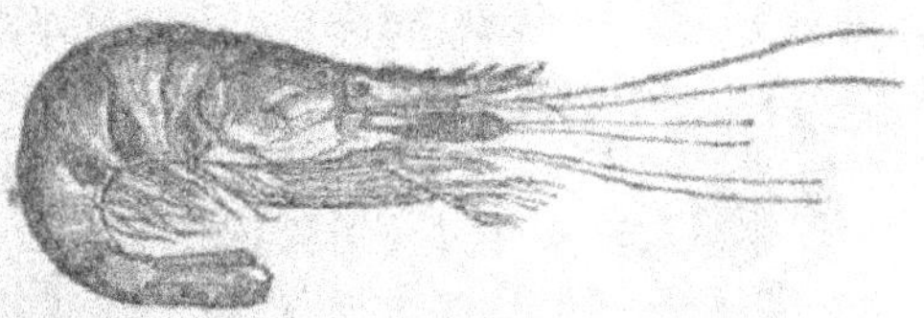

LA CHEVRETTE ET LE LANGOUSTIN.

La chevrette a de longues antennes très dres-
sées, séparées par deux lames qui s'avancent en
avant; un seul crochet mobile forme les serres;
elle a trois paires de jambes; sept articles à la
queue.

Les chevrettes sont d'une saveur excellente.
Elles habitent en grande quantité les côtes de la
Bretagne, remontent les rivières et se fraient
un chemin dans les fossés des marais salants.
Celles qu'on prend dans la mer sont supérieures
à celles des rivières.

Le LANGOUSTIN ressemble beaucoup à la chevrette; mais il est plus grand et près de trois
fois plus gros; sa chair est aussi plus délicate;
ses couleurs sont plus vives; la cuisson lui donne
la plus belle teinte d'œillet.

Il a sur le devant de la tête une longue corne
comprimée verticalement, un peu relevée, et
dentelée au haut ainsi qu'au bas. Il se tient
ordinairement sous des plantes marines et dans
le voisinage des rochers près des côtes; il ne
remonte pas, comme la chevrette, à l'embouchure des rivières.

Il nage ordinairement sur le dos; mais quand il se voit menacé, il se jette sur le côté, et fait des sauts rétrogrades à une très grande distance.

LES HUITRES.

Ce genre comprend les deux vastes familles des pétoncles et des huîtres proprement dites, qui se sous-divisent en cent trente-six espèces; toutes ces espèces offrent une nourriture agréable et recherchée. Les huîtres et les pétoncles se trouvent abondamment dans les mers des Indes, dans la mer Méditerranée, dans l'Océan Américain et dans toutes les mers de l'Europe, où ils font un grand objet de commerce.

Les pétoncles produisent une sorte de byssus grossier. Ils peuvent s'élancer hors de la mer, ouvrir leurs coquilles, vider l'eau qu'elles renferment, replonger ensuite rapidement dans l'onde, et reprendre de l'eau fraîche; le bruit qu'elles font alors, en refermant leurs coquilles, les trahit, et sert de guide au pêcheur vigilant.

Quoiqu'on ait rangé les pétoncles et les huîtres sous un même genre, la nature a imprimé de grandes différences dans le caractère de l'un et de l'autre. Ils se distinguent surtout par leur faculté loco-motrice. Quand la marée le laisse à sec, le pétoncle, en ouvrant et refermant avec la plus grande vitesse ses valves, et à l'aide de ses pieds, prend un élan de plusieurs pouces, et répète ce mouvement jusqu'à ce qu'il ait regagné son élément. Dans l'eau même, il peut s'élever et se soutenir près de la surface; il ouvre alors tant soit peu ses battants, auxquels il communique un battement assez prompt pour acquérir un mouvement de tournoiement fort vif de droite et de gauche, par le moyen duquel il semble courir sur l'eau. L'huître, au contraire, n'a ni pieds ni byssus, et tous ses mouvements se bornent à faire changer de position à sa partie convexe; pour ce mouvement même, dit-on, il lui faut le secours du flux ou du reflux de la marée.

Les huîtres produisent leurs petits entièrement formés; ces jeunes huîtres, qu'à la vue seule on prendrait pour une goutte de suif, examinées à la loupe, se montrent dans toute leur perfection.

Les huîtres respirent au moyen des ouïes; une petite ouverture, à la partie supérieure du corps, fait la fonction de la bouche, et reçoit l'eau, qui, de là, passe dans un long canal qui constitue la base des ouïes.

LES COQUILLES.

La famille des cardiums ou des coquilles se compose de plus de cinquante espèces, plus ou moins communes sur les côtes sablonneuses de toutes les mers connues.

On les trouve la plupart enfoncées dans le sable à plus de quatre pouces. Elles diffèrent infiniment de grosseur ; quelques-unes ont six pouces de diamètre, d'autres n'en ont pas un demi pouce.

La coquille a un certain degré de force locomotrice, en raison de son pied triangulaire, qui n'est visible que dans l'écaille ouverte ; l'ouverture de l'écaille est protégée par une tendre membrane, entièrement close sur le devant, à l'exception de deux points où se trouvent deux tubes, petits, jaunes et frangés ; c'est par ces tubes que l'animal reçoit et rejette l'eau qui conduit les aliments au corps.

L'EDULE CARDIUM, ou la coquille commune, l'espèce la moins rare dans ces contrées, a une écaille jaunâtre, presque de la forme d'un cœur, avec vingt-huit côtes plates, striées transversalement de raies recourbées. Elle offre une nourriture agréable et bienfaisante.

Les crabes et les langoustins profitent quelquefois du moment que l'écaille est ouverte pour y passer une jambe ou une serre, et s'emparer de l'animal qui y est renfermé ; mais il arrive le plus souvent que les jeunes crustacés, victimes de leur voracité, ne pouvant résister à la promptitude avec laquelle le coquillage referme ses écailles, perdent le membre qu'ils ont exposé. Admirons ici la sagesse prévoyante et ineffable du créateur suprême, qui, ayant exposé la famille des crabes à chercher leur nourriture d'une manière aussi dangereuse, leur a en même temps accordé la faculté de réparer leurs pertes et de reproduire leurs membres mutilés.

HISTOIRE NATURELLE

DES

SERPENTS ET DES REPTILES.

—————

Linnée partage les amphibies en deux classes,
serpents et reptiles. La tribu des serpents est
dépourvue de nageoires, d'oreilles et de pieds ;
leurs mâchoires se dilatent et n'ont point d'articulations.

La construction des vertèbres leur permet de
s'avancer par des mouvements sinueux; ils sont
composés d'articulations mobiles qui se prolongent tout le long du corps; quelques individus
de l'espèce ont la faculté de dresser entièrement
leur corps , de s'élancer par là sur leur proie
avec plus de force et de rapidité. La plupart des
serpents sont couverts d'écailles; la poitrine et
l'abdomen sont entourés de côtes. De même que
les quadrupèdes, ils respirent par la bouche, au
moyen des poumons. La tête tient immédiatement au corps ; et les mâchoires sont si exten-
sives, que ces animaux peuvent avaler des corps
plus gros qu'eux-mêmes ; la langue est mince et
fourchue. Ils changent de peau deux fois par
an; la vieille peau tombe d'abord près de la tête,
et l'animal s'en dégage entièrement par une

sorte de mouvement onduleux. Les couleurs des serpents sont très variées et d'une grande beauté. Les serpents venimeux ne forment que la sixième partie de toute l'espèce: on les distingue aisément. Les serpents venimeux n'ont que deux rangées de dents dans la mâchoire supérieure, tandis que les autres en ont quatre; les venimeux, ont de pl s, de chaque côté de la tête, un crochet qui sert à conduire le venin dans la blessure. Une tête entièrement couverte de petites écailles, et les écailles de la tête et du corps coupées par une ligne centrale saillante sont aussi des caractères quoique moins sûrs, qui servent à distinguer les serpents dangereux de ceux qui ne le sont pas.

Les reptiles ont des jambes et des oreilles aplaties, nues, et privées d'auricules. Les tortues, les lézards et les grenouilles forment les principales tribus.

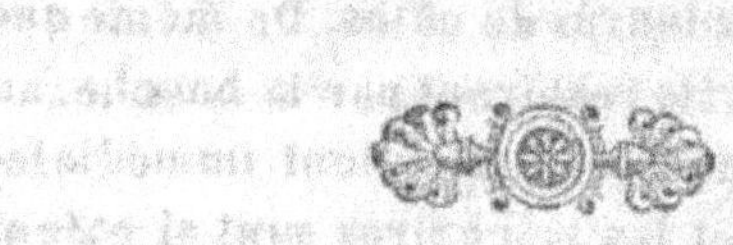

LE BOIQUIRA

OU LE SERPENT A SONNETTE.

Le boiquira est originaire des deux Amériques; on ne le trouve nulle part sur l'ancien continent. La couleur de la partie supérieure du corps est d'un brun jaunâtre m rqueté de larges bandes transversales noires. Les deux mâchoires sont garnies de petites dents aiguës; la supérieure a de plus quatre crochets courbés et pointus qui ne sont que des dents plus fortes que les autres. creuses dans la plus grande partie de leur longueur, et renfermées dans une sorte de poche ou de gaine membraneuse d'où elles sortent lorsque l'animal les redresse. C'est là, sous la peau que recouvrent les mâchoires, que sont placées les vésicules du poison; il s'insinue dans le crochet, et sort de là par une fente longitudinale qu'on voit en dedans un peu au-

dessus de la pointe, et vient infecter la plaie
faite par le serpent.

La queue est garnie d'une sonnette composée
de plusieurs pièces emboîtées réciproquement,
dont le nombre augmente tous les ans et s'élève
depuis un jusqu'à près de quarante. Les jeunes
serpents, ou ceux qui n'ont qu'un an ou deux
n'ont pas tous des sonnettes.

Ces serpents, les plus redoutables de toute
l'espèce, trahissent ordinairement leur présence
par le bruit de leurs sonnettes; et plus d'un
voyageur a dû son salut à cet avertissement
bienfaiteur. Cependant ils ne donnent ce signal
que dans les beaux jours de la saison. Aussi
dans les temps pluvieux les Indiens ne parcourent les bois qu'avec la plus grande inquiétude.

L'odeur infecte qu'exhale le boiquira, sert encore plus que ses sonnettes à le faire découvrir,
sur-tout s'il est irrité ou s'il est exposé à l'ardeur
du soleil. Les chevaux et les bestiaux le décou-
vrent ordinairement au moyen de cette odeur,
et aussitôt s'éloignent à une grande distance;
mais si le serpent se trouve dans les rayons de
leur course, il les atteint de son venin. Il faut
cependant remarquer que le boiquira n'est jamais l'agresseur: il n'attaque point l'homme
qu'il ne soit provoqué; on peut même dire, qu'il
évite sa présence.

On raconte qu'on a vu des boiquiras appri-
voisés, et réduits à la plus grande docilité.

Il rampe ordinairement à terre; mais quand

il est alarmé, il roule son corps en cercle; il
dresse sa tête, et ses yeux enflammés pétillent
de fureur. Il ne peut pas poursuivre rapidement
son ennemi ni sauter sur lui.

Les boiquiras sont vivipares; ils produisent
leurs jeunes au mois de juin. Ces jeunes serpents ont déjà, au mois de septembre, plus de
dix pouces de long. On a la certitude que le boiquira, quand ses jeunes sont menacés de quelque
danger, les préserve de la même manière que
la vipère, en les recueillant dans sa gueule et
en les avalant.

Quelques naturalistes ont cru que le boiquira
avait le pouvoir de jeter un charme sur sa victime en la fixant, et de lui ôter par là la faculté
de se sauver; mais il est probable, que la plus
grande puissance magique du serpent à sonnettes consiste dans la juste terreur qu'il inspire
à ses victimes.

LE GRAND BOA.

Les serpents de la tribu du boa ont plusieurs
marques distinctives ; le dessous de la queue et
du ventre est couvert de plaques unies ; ils n'ont
ni sonnettes ni venin.

Le boa est le plus grand et le plus vigoureux
de tous les serpents ; il atteint souvent trente à
quarante pieds de long, et une grosseur propor-
tionnée à cette longueur énorme ; il n'attaque
jamais qu'ouvertement et lorsqu'il y est contraint
par la nécessité.

Les couleurs du boa sont très variées et très
agréablement disposées ; le gris jaunâtre du
corps est mêlé de nuances brunes et rouges et
de taches irrégulières plus ou moins larges.

La rapacité du boa est souvent la cause de sa
destruction. Quand il a dévoré sa proie, il tombe
dans un état d'inertie et d'impuissance absolue ;
il cherche alors une retraite où il puisse digérer
en repos son monstrueux repas ; le moindre
effort suffit pour le détruire ; il ne peut faire
la moindre résistance : également incapable de
se défendre ou de se sauver, il offre une victoire
aisée au chasseur Indien. Mais il n'en est plus
de même quand la digestion est faite ; il quitte sa
retraite, dévoré d'un nouvel appétit ; la terreur
se répand au loin, et tous les animaux de la
forêt prennent la fuite.

On a vu le boa tuer et dévorer un taureau.
Voici ce qu'on raconte à ce sujet : le serpent
s'élance sur l'animal effrayé, l'entoure de ses
plis volumineux ; à chaque tour, on entend craquer les os du taureau ; son énorme ennemi le
presse, se roule autour de lui ; enfin tous les os
du taureau sont brisés, comme ceux d'un mal-
faiteur sur la roue, et tout le corps n'offre plus
qu'une masse informe. Alors le serpent déroule
ses plis, et s'apprête à dévorer sa proie. Pour en
faciliter le passage dans son gosier, il lèche
tout le corps et le couvre d'une substance visqueuse. Il l'entame par la partie qui offre le
moins de résistance ; son gosier se dilate alors
à un tel point qu'il peut avaler d'un seul coup le
triple de sa grosseur. En 1799 un marin Malais
fut sur-le-champ torturé à mort dans l'île de
Célèbes par un de ces serpents qui le saisit par

le poignet droit et se roula autour de sa tête,
de son cou, de sa poitrine et de ses cuisses.

L'AMPHISBÈNE FUMÉE.

OU LE SERPENT AVEUGLE.

CETTE espèce atteint ordinairement une longueur d'un ou de deux pieds; la queue n'a jamais
plus d'un pouce.

L'amphisbène doit son nom à la grosseur égale
de ses extrémités; les yeux sont excessivement
petits et presque entièrement masqués par une
membrane; c'est cette circonstance qui lui a fait
donner le nom de serpent aveugle; le sommet
de la tête est couvert de six grosses écailles divisées par trois rangs; les écailles du corps sont
d'une forme presque carrée, disposées en anneaux réguliers. Il a la peau rude et couleur de
terre.

Cet animal se trouve dans les Indes, particulièrement dans l'île de Ceylan, de même que
dans l'Amérique du sud. On ne connaît pas beau-

coup ses mœurs; mais on sait qu'il se nourrit
de vers, d'escargots, et de différents insectes.
Par suite de sa structure, il peut s'avancer et
se mouvoir aisément. Ce serpent est particulièrement propre à pénétrer dans les retraites sou-
terraines des fourmis, des vers et d'autres insectes; il creuse à une profondeur beaucoup
plus grande que les autres serpents, grâce à la
rudesse de sa peau et à la vigueur de ses muscles.

Les amphisbènes ne sont pas venimeux.

LA COULEUVRE A COLLIER.

La couleuvre à collier a quelquefois près de
quatre pieds de long; elle a le cou mince, le
milieu du corps épais, le dos et les côtés couverts de petites écailles, le ventre chargé de
plaques oblongues, étroites; tout le dessus du
corps est d'un gris plus ou moins foncé, mar-
queté, de chaque côté, de taches noires irrégulières plus ou moins grandes, qui aboutissent
aux plaques du ventre; et au milieu des deux
rangées formées par ces taches, s'étendent, de-

puis la tête jusqu'à la queue, deux autres rangées longitudinales de taches plus petites et
moins sensibles; les plaques sous le ventre sont
d'une couleur obscure; les écailles des côt s
sont d'un blanc bleuâtre; les mâchoires présen-
tent un double rang de dents petites et crochues.

Cette couleuvre n'est nullement malfaisante;
elle aime à se tenir dans les lieux humides; elle
quitte rarement sa retraite, si ce n'est dans les
beaux jours d'été où elle vient se réchauffer aux
rayons du soleil. Si elle est attaquée, elle cherche d'abord à fuir; si elle se voit serrée de près,
elle se relève, siffle, prend une attitude mená-
çante; mais il n'y a rien à craindre, tout se
réduit à des menaces.

A l'approche de l'hiver, ce serpent se cache
dans des trous souterrains, et tombe dans un
état qui approche de l'engourdissement; il reparaît vers le printemps et renouvelle sa peau;
il paraît que la même mue a aussi lieu en automne.

La femelle dépose ses œufs dans des trous
exposés au midi sur le bord des eaux croupissantes, mais le plus souvent sur des couches de
fumier. De là la croyance erronée que les coqs
produisaient des serpents. Ces œufs, au nombre
de douze à vingt, sont de la grosseur des œufs
de pie, d'une couleur blanchâtre, et recouverts
d'une fine membrane; ils sont collés ensemble
par une matière gluante en forme de grappe

les jeunes ne sont éclos qu'au printemps suivant.

La couleuvre à collier se nourrit d'insectes, de vers, de souris; on prétend qu'elle aime singulièrement le lait. Lorsqu'elle poursuit une proie aquatique, elle entre dans l'eau, et nage avec beaucoup d'aisance.

L'ANNELÉE.

L'ANNELÉE est d'une couleur blanche avec des bandes transversales brunes, qui s'étendent sur le ventre, et forment des anneaux autour du cou. La queue est mince; sa surface inférieure est couverte de deux rangs d'écailles.

Ce serpent appartient à l'Amérique méridionale; lorsqu'il est irrité ou qu'il se dispose à mordre, il dresse la partie extérieure de son corps et replie la tête.

Les nombreuses variétés de cette espèce se distinguent par l'élégance de leurs couleurs, la grande couleuvre annelée de Surinam est une des plus belles du genre.

LA VIPÈRE AQUATIQUE.

CETTE espèce est originaire de l'Inde où elle se tient dans les terres marécageuses, et n'est presque connue que sous le nom de vipère d'eau; elle a près de deux pieds et demi de long, et trois pouces de circonférence. La tête est large, un peu comprimée latéralement; le corps est couvert de grosses écailles qui vont en diminuant de grosseur jusque vers la queue; celle-ci a plus de dix pouces de long; elle est mince, peu charnue, diminue progressivement et se termine en pointe. La tête est d'une teinte obscure; le reste du corps est d'un brun jaunâtre, nuancé par un grand nombre de taches rondes et noires réunies par de petits filets qui forment des rangées obliques, régulièrement disposées et coupées par quelques écailles d'un jaune clair. L'abdomen est d'un blanc jaunâtre.

Une vipère de cette espèce fut prise dans le

lac d'Ankapil'y, dans un piége à anguilles; et,
malgré plusieurs essais qu'on fit pour l'irriter,
elle ne voulut ni siffler ni se fâcher. On ne put
l'engager à mordre un petit poulet qu'on avait
placé sur elle; paisib'e et tranquille, elle ne
parut faire aucune attention à son faible voisin.
Quand le poulet battait de l'aile, et s'agitait pour
se retirer, le serpent reculait comme effrayé ;
mais il est bon de remarquer que durant l'expérience, la vipère rejeta un gros poisson qu'elle
avait apparemment avalé depuis peu, de manière
que son indulgence pouvait bien provenir de
l'absence de la faim, et que la même expérience
répétée dans un autre moment aurait bien pu
avoir un autre résultat.

Cependant il est de fait que cette vipère n'est
pas venimeuse, et ne semble pas très irascible.
Les naturalistes la classent parmi les serpents
innocents.

LA VIPÈRE D'ÉGYPTE.

C'est au poison de cette vipère, dit-on, qu'eut

recours l'infortunée Cléopâtre, lorsqu'elle préféra la mort à l'humiliation de se voir conduire à Rome, pour y servir d'ornement au char triomphal d'Auguste.

On importe annuellement de nombreuses quantités de ces vipères à Venise; la pharmacie en fait usage pour la composition de la thériaque et d'autres remèdes. On les trouve communément en Égypte, de même que dans d'autres parties de l'Afrique; elles ne sont pas rares non plus en Asie.

La vipère d'Égypte a entre dix-huit et vingt pouces de long; les écailles qui recouvrent le corps sont très petites, serrées et dures; les yeux sont disposés verticalement; la tête est comprimée et couverte d'écailles très minces, d'une couleur brune et de bandes rougeâtres.

Son poison est des plus actifs: on prétend que la mort causée par sa morsure est prompte, mais exempte de souffrances.

La VIPÈRE BIGARRÉE est ainsi appelée du mélange de ses couleurs; le corps est moucheté de blanc, de brun et de gris; les côtés et le ventre sont d'un jaune pâle. Pour la forme et la grosseur, elle ressemble à la précédente. Elle appartient à l'Amérique.

Elle n'est pas venimeuse.

LA VIPÈRE INTESTINE.

CETTE vipère épie sa proie dans les endroits retirés et cachés. Elle est de la petite espèce, sans danger pour l'homme, et dépourvue de poison. Elle se nourrit d'insectes, de lézards, de grenouilles et de souris. Le corps est d'un brun rougeâtre, moucheté et nuancé de bandes transversales blanches, et de quelques lignes longitudinales noires sur les côtés. Elle appartient à l'Afrique, et se trouve en grand nombre sur les côtes de la Guinée.

LA VIPÈRE D'EAU.

CETTE vipère appartient à la Caroline; c'est, après le serpent à sonnettes, la plus grosse espèce de ces contrées. Sa couleur est d'un gris cendré, nuancé de taches jaunes.

Plus active que le commun des serpents, elle prend les poissons avec une grande dextérité. Pendant l'été, on voit ces vipères épier les oiseaux et les poissons du haut d'une branche d'arbre, qui s'avance sur l'eau; elles tombent quelquefois dans les bateaux, sur la tête des bateliers. Au bout de la queue se trouve une substance cornue, dont le prétendu pouvoir magique a donné naissance à un grand nombre de fables absurdes.

LA VIPÈRE CORNUE.

Le céraste, ou la vipère cornue, a quelquefois
plus de deux pieds de long. On la reconnaît aisément par deux sortes de petites cornes qui
s'élèvent au-dessus de ses yeux. Ces cornes n'ont
dans leur structure aucune ressemblance avec
les cornes des quadrupèdes, et ne peuvent être
considérées, ni comme armes défensives, ni
comme offensives; elles sont mobiles à la volonté
de l'animal.

La tête du céraste est aplatie, le museau gros
et court, les yeux d'un vert jaunâtre; le derrière
de la tête est moins large que la partie du corps
à laquelle elle tient. Les écailles de la tête sont
de la même grandeur que celles du dos, ou quelquefois un peu plus petites. Toutes les écailles
sont ovales et relevées par une arête saillante.
Le dos est jaunâtre, avec des taches irrégulières,
plus ou moins foncées, et disposées en forme de

bandes transversales; le dessous du corps est d'une teinte plus claire.

Le céraste habite la plus grande partie du continent oriental; il se plait sur-tout dans les déserts sablonneux; il se trouve fort communément dans les trois Arabies et dans l'Afrique. En Egypte, il montre un certain degré d'apprivoisement; il entre dans les maisons quand la famille se trouve à table, ramasse les restes tombés à terre, et se retire sans offenser personne.

Le céraste supporte la faim et la soif plus long-temps que tout autre serpent; quelques naturalistes assurent qu'il peut exister près de cinq ans sans prendre de nourriture. Mais quoiqu'il soit capable d'une telle abstinence, il est d'une grande voracité, et se jette avec fureur sur les petits oiseaux, les quadrupèdes et les reptiles.

La peau de ces serpents est capable d'une grande extension, ce qui leur permet d'avaler des corps deux fois aussi gros qu'eux-mêmes; quand ils sont repus, ils tombent dans une sorte d'engourdissement, et ne peuvent remuer, c'est alors qu'on les attaque et les tue facilement.

LA VIPÈRE MEURTRIÈRE.

CE serpent venimeux est bien digne du nom que nous lui donnons : le poison violent qu'il distille de ses crochets meurtriers le rend un des ministres les plus actifs des parques. Il appartient à la zône ardente de l'Afrique et aux régions brûlantes de l'Amérique méridionale ; on le trouve aussi dans l'île de Ceylan et dans les provinces reculées de l'Asie. Le fond de ses couleurs est d'un bleu argenté, bigarré de taches noires d'une forme irrégulière. La tête est large, la gueule grosse ; les yeux ressemblent à des gouttes de perle ; ils sont entourés d'un iris vert ; les écailles sont variées, les unes grosses en forme de bouclier, d'autres petites et pointues ; mais toutes très fortes et étroitement unies.

Ce serpent est un des plus formidables et des plus dangereux : son poison, quoique moins prompt dans les effets que celui de quelques autres, absorbe toutes les facultés mentales, ravage la chair d'une consomption incurable, et finit par donner la mort.

LA VIPÈRE COMMUNE D'EUROPE.

Les vipères communes se trouvent dans la plus grande partie de l'ancien continent : on les rencontre aussi dans les Indes orientales où elles

ne diffèrent pas de celles qui appartiennent à
l'Europe; elles supportent toutes les vicissitudes
de la température. Celles qui habitent la Suède
n'ont pas la morsure moins dangereuse que
celles qui infestent les régions les plus chaudes
de l'Europe, il en est de même de celles de la
Russie et de plusieurs parties de la Sibérie. Dans
ces derniers pays elles sont même très nombreuses; le peuple superstitieux se fait un scru-
pule de les détruire, et croirait commettre un
attentat qui aurait pour lui les suites les plus
funestes.

Les vipères rampent toujours lentement, et
ne se jett nt communément que sur les petits
animaux dont elles font leur nourriture; elles
n'attaquent jamais l'homme ni les gros animaux,
à moins qu'on ne les blesse, les agace ou les
irrite; alors elles deviennent furieuses et font
de profondes morsures; leurs vertèbres sont articulées de manière qu'elles ne peuvent pas s'en-
tortiller dans tous les sens comme la plupart
des serpents; leur tête seule a un certain degré
de flexibilité; elles la renversent et la retournent
assez facilement. Cette conformation les rend
aisées à prendre; les uns les saisissent au cou à
l'aide d'une branche fourchue, les enlèvent par
la queue et les font retomber dans un sac dans
lequel ils les emportent; d'autres appuient l'extrémité d'un bâton sur la tête de la vipère et la
serrent fortement au cou avec la main; tandis
que l'animal fait d'inutiles efforts pour se dé-

fendre, et tient la gueule béante, on lui coupe avec des ciseaux ou un canif ses crochets venimeux, après quoi la vipère est incapable de nuire, alors on peut la manier impunément. Les chasseurs de vipères anglais sont assez hardis pour les saisir brusquement au cou ou par la queue, et les tenir avec tant de force, que l'animal ne peut se redresser ni se plier pour blesser la main qui le tient ainsi suspendu.

Quelque actif que soit le venin de la vipère quand il infecte la blessure, il ne produit, dit-on, aucun effet nuisible sur l'estomac.

La longueur ordinaire de la vipère dépasse rarement deux pieds; cependant on en a vu qui en avaient plus de trois. Le dos est marqué dans toute sa longueur d'une série de taches noires rhomboïdales qui se touchent à leur extrémité; le ventre est extrêmement noir.

On les distingue aisément de la couleuvre à collier commune; les couleurs de la couleuvre offrent de bien plus belles nuances, et la tête est plus épaisse que le corps; mais la forme de la queue est un des caractères les plus distinctifs de la vipère. Quoique terminée en pointe, elle ne suit pas une aussi longue progression que celles des autres serpents, et à défaut de toute autre marque, cette observation seule suffirait pour la faire discerner.

Les vipères ont la vie très tenace; elles vivent trois ou quatre heures et même plus long-temps dans l'esprit-de-vin; cependant le tabac et l'huile essentielle de cette plante leur donnent la mort.

La vipère est vivipare; elle produit ses jeunes vers la fin de l'été; quand ces jeunes sont menacés de quelque danger, ils se retirent, dit-on, dans la gueule de leur mère.

La vipère n'atteint son entière croissance qu'au bout de sept ans; elle est susceptible d'une très longue abstinence.

Sa chair était autrefois très recherchée, comme fortifiant et comme remède pour différentes maladies.

LA VIPÈRE FATALE.

Ce serpent a la tête ronde et courte, la gueule grosse et large, armée de quatre dents recourbées, deux dans chaque mâchoire; les yeux lancent des traits de flamme; sa morsure donne une mort cruelle et inévitable. Il a la faculté de dresser et de courber ses écailles à volonté, de même que ses redoutables crochets; une bordure d'écailles d'un bleu argenté entoure la gueule; la langue est charnue et fourchue; quand il attaque, il tire sa langue fort en avant, et donne à ses dents une direction formidable; les écailles de la partie supérieure du corps sont élégamment mêlées de jaune, de gris cendré, de noir, de brun et de blanc. Les rayons du soleil donnent à ces nuances un effet admirable.

Les couleurs du mâle sont plus foncées que

celles de la femelle; il a aussi le corps plus gros et la queue plus effilée. La longueur ordinaire de ces serpents est de quatre à cinq pieds; la longueur de la queue est en proportion avec celle du corps.

Cette vipère appartient à l'Amérique du sud et à l'île de Ceylan; elle se jette sur l'homme et sur le quadrupède avec une grande fureur, dresse sa crête et se lance en avant avec un courage et une rapidité surprenante.

L'ASPIC ÉGYPTIEN.

Ce serpent a près de trois pieds de long; les écailles qui revêtent la tête sont semblables à celles du dos, ovales et relevées au milieu par une crête; sur le dessus du corps s'étendent trois rangées longitudinales de taches rousses, bordées de noir et qui se réunissent sur la queue, de manière à représenter une bande disposée en zig-zag ressemblant en quelque sorte à celle de la vipère commune, avec laquelle il a de grands rapports encore par la forme de ses crochets et la force de son venin. Le dessus du corps est marbré de foncé et de jaunâtre. Le museau est terminé par une excroissance en forme de verrue.

Il chasse à l'odorat, et vit de rats, de souris, de lézards, crapauds, etc.

LE LÉZARD VERT.

C'EST au printemps que les couleurs de ces lézards brillent de tout leur éclat, lorsque se dépouillant de leur ancienne enveloppe, ils exposent à la chaleur créatrice du soleil, l'émail resplendissant de leurs nouveaux vêtements.

Le dessus du corps est d'un beau vert, plus ou moins bigarré de jaune, de gris, de brun, et même quelquefois de rouge ; le dessous est toujours d'une couleur blanche ; les couleurs de cette espèce sont sujettes à varier dans certaines saisons de l'année ; elles pâlissent sur-tout après la mort de l'animal.

C'est dans les contrées chaudes que le lézard se montre dans tous ses ornemens, et qu'il a l'éclat de l'or et des pierres précieuses. Dans ces dernières régions, il atteint une grosseur bien plus considérable que dans les pays plus tempérés ; il a quelquefois près de treize pouces de long. Les habitants de l'Afrique se nourrissent de sa chair.

On peut le priver lorsqu'on le prend jeune ; il est alors d'une aimable douceur ; cependant, lorsqu'on l'irrite ou le pousse à bout, il se défend

contre le chien même, et le serre si étroitement, qu'il perdrait plutôt la vie que de lâcher
prise.

Le lézard vert n'est cependant pas confiné dans
les climats brûlants des deux continents: on le
trouve également dans les régions tempérées,
mais plus petit et en moins grand nombre ; on
le connaît en Suède et au Kamtszchatka; les habitants de ces deux derniers pays, aveuglés par
d'étranges préjugés, en dépit de la richesse de
ses couleurs et de l'élégance de ses formes, ne
le regardent qu'avec horreur.

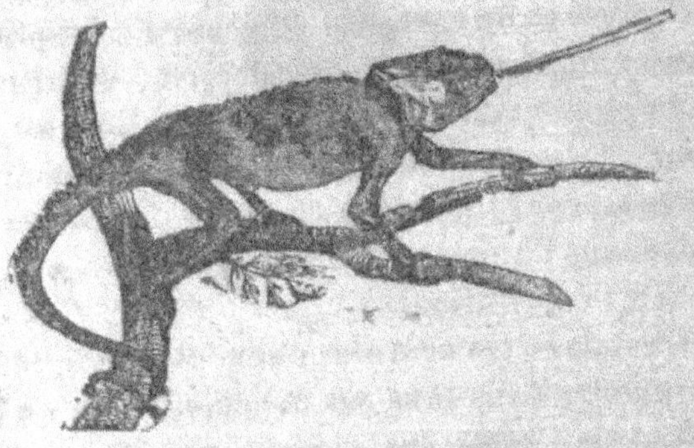

LE CAMÉLÉON.

On trouve des caméléons de différentes grosseurs; mais ils ont rarement plus de quatorze
pouces de long, dont sept pour la queue; la longueur des pattes, y compris les doigts, est d'environ trois pouces. On le rencontre dans tous
les pays chauds de l'ancien et du nouveau continent ; dans l'Inde, au Mexique, en Afrique, et

dans les parties les plus chaudes de l'Espagne
et du Portugal.

La peau du caméléon est parsemée de petites
éminences comme le chagrin ; elles sont très
lisses, plus marquées sur la tête, et environnées
de grains presque imperceptibles ; la tête est
très aplatie au sommet et aux côtés ; sur le bord
du museau, qui est un peu arrondi, sont placées
les narines ; la bouche est large ; les deux mâchoires sont composées d'un os dentelé, qui tient
lieu de dents véritables ; sa langue est d'une
forme extraordinaire ; elle est composée d'une
chair solide, blanche, de plus de dix lignes de
long, et de plus de trois de large, ronde, un peu
aplatie au bout, creuse, et presque semblable à
l'extrémité de la trompe de l'éléphant ; c'est au
moyen de cet instrument que le caméléon se
saisit des insectes dont il fait sa nourriture ; ses
yeux sont couverts d'une membrane chagrinée,
divisée par une petite fente horizontale, au travers de laquelle on aperçoit les prunelles ; il
peut tourner ses yeux en même temps dans une
direction opposée, tourner l'un en arrière, tandis qu'il tourne l'autre en avant ; ils sont mobiles
indépendamment l'un de l'autre.

Soit qu'il grimpe lentement sur les branches
des arbres, soit que couché sur les feuilles, il
épie et guette l'insecte, soit enfin qu'il marche
gravement sur la terre, le caméléon se montre
toujours sous des dehors peu avantageux ; il
n'offre aux yeux de l'observateur, ni proportions

agréables, ni beauté de formes, ni mouvements
rapides; sa démarche a une sorte de gravité ridi-
cule; il ne semble lever un pied qu'après s'être
assuré du point d'appui des trois autres. Voici
l'histoire du fameux changement de ses couleurs.

Quand il est à l'ombre depuis quelque temps,
les chagrins ou les petites éminences de sa peau
sont d'un roux pâle; et le dessous de ses pattes
est d'un blanc un peu jaunâtre. Ces couleurs
changent lorsqu'il est exposé à la lumière du
soleil; la partie de la peau sur laquelle tombent
les rayons du soleil est d'un gris brunâtre, tandis que la partie non éclairée offre des couleurs
plus éclatantes, produites par le mélange du
jaune pâle, qui paraît sur les éminences et du
roux clair du fond de la peau. Ce coloris est
ordinairement distribué par taches, entre lesquelles les grains semblent mêlés de bleu et de
vert, et la peau unie, rouge. Dans d'autres temps,
toute la peau semble d'un beau vert tacheté de
jaune; si on le touche, il paraît de suite des
taches noires assez larges, mêlées d'un peu de
vert; mais il est démontré aujourd'hui qu'il ne
prend point les couleurs des objets qui l'environnent, et que les couleurs qu'il montre acci-
dentellement, ne sont pas répandues sur tout le
corps, comme on le prétendait anciennement.
Il est également faux qu'il ne vive que d'air;
tous ces contes absurdes sont controuvés par
l'expérience.

LE CRAPAUD.

Cet animal que l'on reconnaît aisément à sa forme livide, à ses mouvements dégoûtants, ressemble à la grenouille par sa face, son naturel et ses appétits. En Europe il atteint une telle grosseur, que les plus petits individus ont entre quatre et six pouces de long.

Les yeux sont d'un éclat remarquable, et forment un singulier contraste avec le reste du corps.

Ces animaux sont si nombreux à Carthagène et à Porto-Belo en Amérique, que dans les temps pluvieux, ils couvrent non seulement tous les sols marécageux, mais comblent encore les jardins, les cours et les rues ; de telle sorte que beaucoup d'habitants s'imaginent que chaque goutte de pluie se change en crapaud. Si la pluie tombe pendant la nuit, les crapauds quittent leur retraite et arrivent en si grand nombre, que sans exagération ils cachent la surface de la terre, et qu'il est impossible de sortir des

maisons sans en fouler à chaque pas plusieurs
sous les pieds.

Lorsqu'il est irrité, le crapaud jette de différentes parties de sa peau une sorte de fluide
écumeux qui, dans nos climats ne produit d'autre incommodité qu'une légère inflammation. Le
peup'e qui s'imagine que parce que le crapaud
est laid, il faut qu'il soit venimeux, le poursuit
et le tue dès qu'il se montre; cette croyance au
poison du crapaud avait acquis un tel crédit
chez les gens superstitieux, que l'on s'imaginait
que ceux qui passent pour habiles dans les arts
magiques le faisaient entrer dans leurs compo-
sitions. Cependant c'est un animal très innocent,
qu'on peut même priver jusqu'à le rendre fort
docile.

Les crapauds s'accouplent au mois de mars et
d'avril; l'ardeur du mâle est extrême; quelque
blessure qu'il éprouve, il ne quitte pas sa compagne; si on l'en sépare par force, il revient à
elle dès qu'il est libre; leur union a le plus souvent lieu dans l'eau, ainsi que celle des grenouilles et des raines. Une dixaine de jours plus
tard, la femelle pond ses œufs; elle fait ordinairement neuf ou dix pontes; les jeunes crapauds ne sont complètement formés que vers
l'automne; dans cette saison on les voit en grand
nombre

Le crapaud s'engourdit vers la fin de l'automne
et demeure dans cet état pendant tous les mois
d'hiver.

L'histoire de cet animal présente un fait extraordinaire, d'une vérité incontestable, mais que les naturalistes n'ont pas encore pu expliquer. On a trouvé des crapauds vivants dans des blocs de pierre, de marbre et d'autres substances solides, dans lesquels ils ont dû demeurer pendant un grand nombre d'années.

LA GRENOUILLE.

La grenouille commune habite presque tous les pays; on la trouve bien avant vers le nord, et même dans la Laponie suédoise: elle recherche partout les places humides, et où elle puisse trouver une quantité suffisante d'insectes et de vers, dont elle fait sa nourriture.

Le dessus du corps de la grenouille commune est d'un vert plus ou moins foncé; le dessous est blanc; ces deux couleurs sont relevées par trois raies qui s'étendent le long du dos; les deux côtés forment une saillie, et celle du milieu présente au contraire une espèce de sillon.

A ces couleurs jaune, verte et blanche, se mêlent des taches noires sur la partie inférieure du ventre ; et à mesure que l'animal grandit, ces taches s'étendent sur tout le dessus du corps, et même dans sa partie supérieure. Son museau se termine en pointe; ses yeux sont gros, brillants, et entourés d'un cercle d'or.

La grenouille est d'une forme élégante et légère, et montre une grande vivacité; les membres sont bien proportionnés aux mouvements particuliers de l'animal; de fortes membranes aux nageoires de ses pieds de derrière, protègent sa marche dans l'eau, où elle se retire ordinairement pendant les rigueurs de l'hiver. Cette saison la fait tomber dans un état d'engourdissement; elle s'enfonce alors dans la vase au fond des eaux croupissantes, ou bien dans des trous sur les bords, et ne se réveille de son sommeil qu'au retour du printemps. Dans les pays qui environnent la baie d'Hudson, on la trouve souvent toute gelée: dans cet état, elle a la fragilité du verre; mais il suffit, pour la rappeler à la vie, de l'envelopper chaudement, et de l'exposer à l'action d'un feu lent. On suppose que la grenouille a atteint toute sa croissance au bout de cinq ans, et que le terme de sa vie est de quinze.

C'est communément au mois de mars que la grenouille fait sa ponte; les œufs forment une espèce de cordon, étant collés ensemble par une matière glaireuse dont ils sont enduits. On remarque sur ces œufs nouvellement pondus, un

petit globule noir d'un côté et blanchâtre de
l'autre, placé au centre d'un autre globule, dont
la substance glutineuse et transparente doit
servir de nourriture à l'embrion. Après un temps
plus ou moins long, suivant la température, le
globule noir et blanchâtre se développe, et prend
le nom de têtard. Cet embrion déchire alors les
enveloppes dans lesquelles il était enfermé.
Quelques jours avant qu'il ne les quitte, on peut
voir les mouvements du jeune animal dans la
matière glutineuse qui l'environne.

HISTOIRE NATURELLE

DES INSECTES.

On a donné le nom d'insectes à une classe d'animaux, qui n'ont ni cœur, ni artère, dont le corps, divisé en plusieurs segments, ou annelé, semble comme coupé en deux par le milieu, et qui ne respirent qu'au moyen d'ouvertures, nommées stigmates, disposées tout le long des côtés.

Presque tous, à l'exception de l'araignée et de quelques autres de la tribu des aptères, éprouvent trois mues à différentes périodes de leur existence. L'insecte paraît d'abord sous la forme d'un œuf, il quitte cette forme, et devient ou larve, ou chenille; cette seconde métamorphose est remplacée par celle de pupe ou chrysalide, enfin paraît l'animal dans toute sa perfection.

Linnée divise les insectes en sept ordres.

I° Insectes coléoptères, ainsi nommés de deux mots grecs qui signifient ailes couvertes. Les individus de cet ordre ont l'élytre crustacé, ou des écailles qui forment une suture longitudinale sur le dos comme les cerfs-volants et l s perce oreilles.

2° Insectes hémiptères; ceux désignés sous ce nom ont les ailes supérieures à demi-crustacées et membraneuses, non divisées par la suture longitudinale, mais couchées l'une sur l'autre, comme la locuste.

3º Insectes lépidoptères, ou à ailes écaillées; leurs premières ailes sont légèrement écaillées et comme couvertes de poudre ou de farine. Cette classe renferme les papillons et les mouches.

4º Insectes névroptères. Ces insectes sont ainsi nommés, parcequ'ils ont quatre ailes membraneuses nues, transparentes, et les nervures croisées en réseau; la queue est sans aiguillon.

5º Insectes hyménoptères. Ceux-ci en général ont quatre ailes membraneuses nues, ressemblant moins à un réseau que celles des névroptères; et les femelles ont la queue armée d'un aiguillon. L'abeille, la guêpe, et la fourmi appartiennent à cet ordre. Les neutres dans quelques-uns du genre, et les mâles et les femelles dans d'autres, n'ont point d'ailes.

6º Insectes diptères. Ces insectes n'ont que deux ailes, dont chacune a un balancier. Notre mouche domestique et les cousins sont de cet ordre.

7º Insectes aptères. Ils sont sans ailes. Cet ordre renferme plusieurs tribus; la puce, l'araignée, le scorpion, le crabe et les centipèdes en font partie.

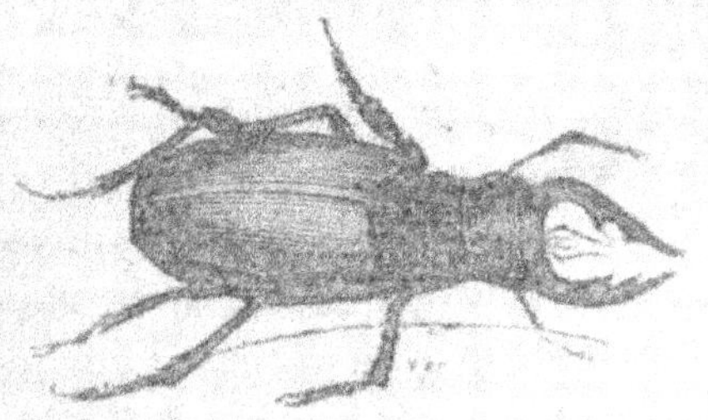

LA LUCANE CERF-VOLANT.

CET insecte, qui appartient, selon la classification de Linnée, à l'ordre des coléoptères, est
un des plus grands de nos contrées. De l'extrémité de ses mandibules jusqu'à celle de l'abdomen, il a quelquefois plus de deux pouces de
long; il est d'un brun foncé, à l'exception des
mandibules qui offrent quelquefois la couleur
rouge du corail.

Le cerf-volant se reconnaît aisément à ses
mandibules qui ressemblent aux cornes du cerf.
Dans quelques districts de l'Angleterre méridionale, on ne les voit voler que le soir; ils se nourrissent de feuillage, et sont sur-tout communs
dans le mois de juillet. Les mandibules sur-tout
celles du mâle, sont très fortes et serrent étroitement.

Nous révoquons en doute ce qu'on dit en Allemagne au sujet de cet animal. On prétend qu'au
moyen de ses mandibules, il a l'habitude de
porter des charbons ardents dans les maisons,
et qu'il a causé de fréquents incendies. Que di-

rons-nous du fait suivant que l'on nous a donné comme avéré?

M. Bingley trouva souvent plusieurs de ces insectes vivants, qui n'avaient plus que la tête sans tronc ni abdomen, et d'autres dans lesquels l'abdomen seul avait conservé le mouvement. Comme l'insecte ne vole pas avant que les oiseaux ne se retirent, ce fait semble difficile à concevoir. Un ami de M. Bingley essaie d'expliquer ce phénomène en disant, que les cerfs-volants étant les plus forts de la tribu des insectes, il serait possible que cette mutilation fût une suite de leurs combats réciproques; mais il avoue qu'il ne peut s'expliquer ce que devient l'abdomen. Au reste cette manière de trancher la difficulté nous rappelle l'histoire de ces deux chats qu'un Irlandais leur maître enferma pendant la nuit dans son grenier, et qui se battirent et se dévorèrent l'un l'autre, de sorte que le matin on ne retrouva plus que le bout d'une oreille et une partie de la queue.

LE HANNETON.

CET insecte, bien connu, appartient à la tribu des lucanes.

Vers le coucher du soleil on le voit voler dans des promenades garnies d'arbres, où il vient souvent incommoder le visage des promeneurs.

Il mange les feuilles de toutes les espèces d'arbres fruitiers, de même que celle du saule, du hêtre, du tilleul et du sycomore.

Comme ils sont très voraces, les hannetons en se multipliant deviennent un fléau mortel. En 1688 ils infestèrent tellement les comtés de Galway, que l'air en fut obscurci au loin, et qu'à plusieurs lieues à la ronde, les arbres, au milieu de l'été, étaient aussi dépouillés de feuilles qu'au cœur du plus rude hiver; heureusement ils ne se montrent que fort rarement en aussi grand nombre. Mais déjà sous l'état de larves ils font de grands torts aux fermiers, et rongent pendant plusieurs années consécutives les racines des arbres et des plantes. Ajoutons avec reconnaissance que ces insectes comptent un grand nombre d'ennemis qui arrêtent les progrès de leur nuisible multiplication.

LE CLOPORTE GIGANTESQUE.

Cet insecte est le plus considérable de l'espèce. Il est presque de la grosseur d'un œuf de poule ; il appartient aux plages brûlantes de l'Asie, de l'Afrique et de l'Amérique méridionale. Les cloportes sont tous également pernicieux et non moins dangereux pour les naturels du pays que pour les étrangers Ces insectes voraces s'élèvent le soir, vont au pillage, corrompent toutes les provisions, soit cuites , soit crues, endommagent toutes sortes de couvertures. de peau, de papier, les livres, etc. Ils volent dans les flammes de la chandelle; ils aiment singulièrement l'encre, l'huile et s'y précipitent quelquefois et y périssent; ils leur communiquent alors une grande infection: celui qui écrirait avec l'encre dans laquelle est mort un cloporte ressentirait autant de malaise que s'il se trouvait près du cadavre fétide d'un gros animal. Ils volent quelquefois au visage et sur le sein des personnes : leurs jambes étant armées de grosses épines, leur chatouillement excite un soudain effroi qui n'est pas facilement réprimé. Ils se tiennent par myriades dans les vieilles masures, cachés pendant le jour dans les endroits les plus retirés. Entre autres propriétés désagréables, le cloporte a aussi le pouvoir de faire pendant la nuit un grand bruit qui souvent incommode les propriétaires des maisons; les habitants des Indes orientales lui donnent pour cette raison le nom de tambour.

LA LOCUSTE COMMUNE.

Cet insecte qui est de l'ordre des hémiptères a près de trois pouces de long, et deux cornes ou antennes de près d'un pouce; la tête et les cornes sont d'une couleur brune; il y a du bleu vers la bouche ainsi qu'à l'intérieur des plus grosses pattes; le bouclier qui recouvre le dos est verdâtre; le dessus du corps est brun, tacheté de noir, et le dessous pourpré; les ailes supérieures sont brunes mêlées avec de petites taches obscures, et un peu plus grosses au bout; les ailes inférieures sont plus transparentes, d'un brun plus clair, nuancé de vert et d'une quantité de petites taches à son extrémité.

Ces insectes nuisibles volent en tel nombre, qu'a les voir de loin on les prendrait pour une nuée épaisse qui intercepte les rayons du soleil; quelque part qu'ils s'abattent ils font de grands dégâts. Dans les climats du tropique où la végétation est si forte et si active, que dans l'espace de quelques jours elle répare complétement ses pertes, la présence de ces insectes est moins dangereuse qu'en Europe où il faut une année entière pour réparer une saison malheureuse. Il arrive souvent que dans leurs courses aériennes, ils tombent dans la mer en tel nombre, qu'ils élèvent sur les côtes une sorte de banc de plus de trois pieds de hauteur et de plusieurs lieues de longueur.

La LOCUSTE HUPÉE diffère de la précédente et appartient à l'Orient: c'est un des plus beaux insectes; elle est d'un roux clair; le corps est annelé de noir, et les pattes sont nuancées de jaune, les ailes supérieures sont mêlées de foncé et de vert pâle, celles de dessous de bandes transversales et ondulées. La longueur de cette espèce, depuis la tête jusqu'à la queue, est d'environ quatre pouces; et les ailes complétement étendues ont d'un bout à l'autre près de sept pouces et demi.

Ce genre se sous-divise en plus de deux cents espéces. Quelques-unes servent de nourriture aux naturels de l'Inde et de l'Afrique.

LE GRILLON.

Les ailes de cet insecte sont prolongées par une lanière sétacée, ou une sorte de queue qui déborde plus ou moins l'abdomen. Il vit dans les maisons, et se plaît sur-tout, dit-on, dans les bâtiments de nouvelle construction, où les pierres lui offrent moins de résistance, et où il s'ouvre plus facilement des communications d'une pièce à l'autre; mais il se tient de préférence dans les cuisines, derrière la cheminée, et auprès des fours de boulangers. Rien ne l'anime, ne l'égaie plus que le voisinage du feu.

Les grillons se font quelquefois entendre de jour; mais leur véritable vie ne commence réellement que de nuit. Dès que la soirée succède au jour, on entend leur gazouillement; on les voit sortir de tous côtés, et se montrer sous toutes les grosseurs, depuis celle de la puce jusqu'à celle qui leur est propre. On serait porté à croire qu'ils sont tourmentés d'une grande soif, et qu'ils ont un grand penchant pour les liquides; on les trouve communément noyés dans des vases d'eau ou de lait; quelquefois même ils rongent le

linge humide qu'on fait sécher près du feu. Quoi
qu'il en soit, leur voracité n'est pas moins grande
que leur soif; ils se jettent sur l'écume qui sur-
nage sur les pots, sur la levure de bière, le sel,
les miettes de pain, les balayures de cuisine.
Dans les soirées d'été, on les voit s'envoler par
les fenêtres et par les faîtières des maisons. Cet
effet d'activité vient de l'empressement avec lequel ils quittent quelquefois leur retraite, et de
leur impatience à s'établir dans des maisons où
jusque-là on ne les avait pas vus. Il est à remarquer que plusieurs sortes d'insectes ne font
usage de leurs ailes que lorsqu'ils ont l'intention
de changer de quartier, et de fonder de nouvelles
colonies. Lorsqu'il est dans l'air, le grillon s'a-
gite comme le grimpereau, ouvre et ferme ses
ailes à chaque trait, s'abat et se relève incessamment.

Quand les grillons sont en grand nombre, ils
deviennent incommodes et nuisibles; les chats
leur font la chasse, et se jouent avec eux comme
avec les souris, avant de les dévorer.

La superstition a long-temps redouté le chant
du grillon; on a regardé cet animal comme sa-
cré; on s'imaginait qu'il portait bonheur aux
maisons où il se logeait, et que ce serait un
sacrilège de le détruire.

LE GRILLON TAUPE.

Ce petit animal est parmi les insectes le digne

représentant de la taupe ; il n'a guère plus de deux pouces de long, et environ six lignes de diamètre ; ses pattes de devant sont larges et fortes, et par leur forme et leur position, offrent de grandes ressemb'ances avec l'animal dont il porte le nom ; elles lui servent aussi à creuser sous la surface de la terre, où il se tient communément, et il s'y prend avec tant d'adresse, qu'il pénètre le sol encore plus promptement que la taupe.

La femelle forme une cellule de terre visqueuse, de la grosseur d'un œuf de poule, close de tous les côtés. C'est dans cette enceinte qu'elle dépose ses œufs, qui se montent annuellement jusqu'à cent cinquante. La mère les garde soigneusement et des injures de l'air, et des attaques des insectes qui cherchent à les détruire ; elle se place à l'entrée du nid, et dès que l'ennemi s'avance pour s'emparer de sa proie, la gardienne vigilante le saisit par derrière, et le mord fortement.

Ces insectes se garantissent des rigueurs de l'hiver en enfonçant leurs nids plus profondément dans la terre ; au retour de la belle saison, ils élèvent leur demeure à mesure que la chaleur gagne de vigueur ; enfin ils s'établissent si près de la surface, qu'ils jouissent de la fraîcheur de l'air et de l'éclat bienfaiteur du soleil ; au premier retour du froid, ils redescendent dans leurs souterrains.

LA SAUTERELLE.

La tête de la sauterelle a quelques rapports avec celle du cheval. Cet insecte est d'un vert vif; il a quatre ailes, six pattes; celles de derrière sont les plus longues, ce qui facilite ses sauts; le corselet est armé d'un fort bouclier.

La sauterelle a comme trois estomacs, ce qui a fait supposer à quelques naturalistes qu'elle ruminait; cet insecte est ovipare et pond environ cent cinquante œufs, blancs, ovales, d'une substance cornue et de la grosseur de graines d'anis. La femelle meurt peu de temps après la ponte.

La sauterelle vit principalement de verdure; et fait un bruit assez aigu que l'on pense provenir du battement de ses ailes. Si on la manie trop rudement elle mord et blesse.

LA GRANDE MOUCHE LANTERNE.

Cet insecte est sans doute un des plus remarquables; il a près de trois pouces depuis l'extrémité de la tête jusqu'à celle de la queue, et environ cinq pouces de vol lorsque les ailes sont entièrement déployées; le corps est d'une forme ovale et partagé en plusieurs anneaux ou seg-

ments. Le fond des couleurs est d'un beau jaune,
mêlé, dans quelques parties, d'une forte teinte
verte, et relevé d'un grand nombre de nuances
brillantes, sous la forme de bandes et de taches;
les ailes sont très grosses, d'une couleur jaune,
également nuancée de taches et d'ondulations
brunes. Celles de dessous sont chacune décorées,
au milieu, d'une grande tache en forme d'œil;
l'iris ou le bord de cet œil est rouge, le centre
mi-rouge et mi-transparent blanc: la tête ou la
lanterne est d'un jaune pâle avec des bandes
roussâtres longitudinales.

Ce joli insecte appartient à Surinam et à quelques autres parties de l'Amérique méridionale;
pendant la nuit il répand de sa tête ou lanterne
une lumière phosphorique si forte qu'il peut
servir de chandelle ou de flambeau; l'on dit
même que les voyageurs placent quelquefois trois
ou quatre de ces mouches au haut d'un bâton
pour éclairer leur route dans les ténèbres. On
peut lire à la clarté d'une seule lanterne.

LA PUNAISE DE SURINAM.

Le genre auquel appartient cet insecte est divisé en différentes sections, et comprend plus de cent espèces.

La punaise de lit commune n'a pas d'ailes, mais celles des champs en ont toutes ; elles se tiennent sur toutes sortes de plantes. La punaise de Surinam a été nommée ainsi par madame Mérian qui la première a découvert cet effroyable insecte à Surinam ; elle l'a peint d'après nature dans sa précieuse collection. Son ouvrage nous a servi de modèle.

Cette punaise est la plus grosse du genre cimex ; elle a plus de trois pouces de la tête à la queue, et près de six pouces de circonférence ; elle est armée d'un fort aiguillon à la tête et à l'anus ; sa couleur est d'un beau brun ; les yeux sont noirs et très saillants ; deux taches d'un brun foncé, de la grosseur d'un pois, recouvrent le thorax ; d'autres taches de différentes formes et de différentes grosseurs nuancent les pattes

de derrière ; les élytres sont réticulés de blanc ;
ils sont gros et forts. Les ailes intérieures sont
membraneuses et d'une faible couleur de paille.

Cette punaise est non seulement la plus grosse,
mais elle est encore la plus vorace et la plus
destructive du genre. Lorsqu'elle se traîne à
terre, elle attaque les crapauds, les grenouilles,
les lézards, les insectes aquatiques, même les
poissons ; lorsqu'elle vole, elle se jette sur les
reptiles, les oiseaux, quelquefois même sur les
individus plus faibles de sa propre famille.

LA CHENILLE.

Le nom de chenille est commun aux larves de
plusieurs variétés d'insectes. Au mois de septembre, on voit de ces larves en grande quantité. Elles sont enveloppées d'une toile bien fine
qu'elles filent pour se garantir de l'intempérance
du temps, et qui les protége pendant les mois
d'hiver. Elles sont alors dans un état proche de
l'engourdissement, et ne s'occupent nullement
de leur nourriture. Elles ne sortent de leur enveloppe qu'à la chaleur renaissante du printemps ; lorsqu'elles commencent à se développer,

elles se répandent au loin, à la recherche de leurs aliments; mais leur affection locale est très remarquable; les chenilles, de même que les papillons, ne s'écartent que fort peu de leur berceau. On voit souvent un grand nombre de ces derniers prendre leur vol dans un petit espace de terrain humide et marécageux, tandis que l'on n'en trouve pas un seul dans les places adjacentes. Comme ils ne volent pas avec une grande rapidité, et qu'ils s'abattent souvent, il n'est pas fort difficile de les prendre.

Les chenilles ont ordinairement pris tout leur développement dans les derniers jours du mois d'avril; elles se suspendent par la queue pour prendre la forme de chrysalide, sous laquelle elles restent quinze jours; leur manière de se suspendre prouve le pouvoir extraordinaire de l'instinct; elles rassemblent d'abord deux ou trois feuilles d'arbe, qu'elles entrelacent de leurs soies, et se suspendent au centre de ce petit canapé. Par ce moyen, elles sont non-seulement à l'abri des attaques des oiseaux, qui ne peuvent deviner leur retraite, mais elles n'ont encore rien à redouter de l'injure des vents et des temps humides.

LE BOMBIX ou LE VER A SOIE.

Cet insecte admirable, la larve d'une mouche qui n'offre pas une grande beauté, se trouve dans son état naturel sur les mûriers de la Chine

et sur quelques autres arbres de l'Orient, d'où
on l'a introduit en Europe sous le règne de l'empereur Justinien. Il est devenu aujourd'hui une
branche importante du commerce; c'est lui qui
fournit ce fil délicat que l'on convertit en soie,
et dont on fait usage dans toutes les parties du
monde.

Dans les climats plus chauds de l'Orient, ces
insectes vivent en liberté sur les arbres où ils
sont éclos, et où ils forment leurs cocons; mais
dans les pays plus froids, leur nouvelle patrie,
on les élève dans des pièces exposées au midi
où on les nourrit journellement de feuilles
fraîches. Leurs œufs sont d'une couleur de
paille, et de la grosseur d'une tête d'épingle; la
larve ou le ver est entièrement noir et de la longueur d'une petite fourmi; cette couleur reste
pendant huit ou neuf jours. On place les vers
dans de petites boîtes recouvertes de papier, au-
dessus duquel on met des feuilles tendres et
fraîches de mûrier; on place plusieurs rangs
l'un sur l'autre dans la même pièce, à la distance de près d'un pied; l'échaffaudage qui soutient ces boîtes, se trouve au milieu de la pièce,
et les boîtes elles-mêmes ne doivent pas être
bien profondes. Vers la fin du troisième jour, ils
commencent à faire leurs cocons, après quoi ils
se disposent à leur dissolution finale. Le cocon
ressemble en quelque sorte à un œuf de pigeon,
et la longueur du fil qu'il contient, est de plus
de six cents pieds.

LE PAPILLON PEINT.

LES papillons sont de l'ordre des lépidoptères. Le papillon est, pour ainsi dire, composé de trois parties, la tête, le corselet et le corps. Le corps, la partie postérieure, est composée d'anneaux ou segments cachés sous les longs poils qui couvrent cette partie de l'insecte; le corselet est plus solide que tout le reste du corps ; les ailes extérieures et les pattes y aboutissent. Les papillons ont six pattes ; mais ils ne font usage que de quatre; les deux extérieures sont cachées sous les longs poils qui couvrent cette partie du corps, et souvent imperceptibles. Les yeux n'ont pas la même forme dans tous les individus: ils sont plus ou moins saillants, plus ou moins gros; mais dans tous, l'enveloppe extérieure est lustrée, et réfléchit toutes les nuances de l'arc-en-ciel; on dirait à ses nombreuses facettes un diamant poli. Sous ce rapport, les yeux du papillon ressemblent à ceux d'une grande partie d'insectes.

Les ailes du papillon diffèrent de celles des autres insectes; elles sont au nombre de quatre, et l'insecte conserve le pouvoir de voler, même après qu'on lui en a enlevé deux; elles sont par elles-mêmes transparentes, et ne doivent leur opacité qu'à la poussière brillante qui les recouvre.

Le papillon peint n'est pas d'une espèce fort commune; dans quelques saisons, ces insectes se montrent en grand nombre, et puis il se passe souvent plusieurs années sans qu'ils reparaissent. Leur beauté les place au premier rang; les ailes sont dentelées de couleur d'orange en-dessus, nuancée de blanc et de noir en-dessous; les deux postérieures ont quatre yeux; leur larve se nourrit d'orties, de chardons et d'autre verdure, sur la lisière des fossés. Elles éprouvent leur métamorphose au milieu ou vers la fin de juillet.

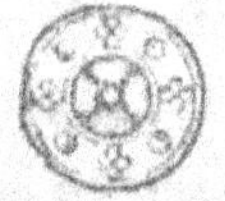

LE SPHINX DE LA CAROLINE.

La larve de cette petite mouche est verte, avec des stigmates à chaque segment, entourés d'un cercle pourpré; l'aiguillon caudal est de la même couleur. Quand le sphinx a atteint tout son développement, le milieu du corps est épais; la langue cornée est généralement bouclée; il a deux antennes. Les ailes sont obscures et entières; les bords postérieurs sont tachetés de blanc; l'abdomen a cinq doubles taches.

En Amérique, nous dit-on, ils sont connus sous le nom de mouches de tabac, en raison de ce qu'ils se nourrissent entièrement de cette plante.

MOUCHE DE L'ORME.

Les ailes de cet insecte sont blanches; elles ont une double rangée de taches noires au centre; une tache d'un brun de fer à la base, une autre au bord postérieur de la première, et une semblable au bord intérieur de la seconde.

Cette espèce offre de grands rapports avec la mouche ordinaire; elle est fort rare, et n'a été trouvée jusqu'ici que dans le Yorkshire. Elle paraît vers la dernière quinzaine de juin. La larve se nourrit de feuilles de l'orme; elle est verte, rayée de noir; sa tête est de cette dernière couleur.

LA MOUCHE DRAGONE.

CET insecte, qui est de la plus grande beauté, peut servir d'exemple pour l'ordre des névroptères. Il est armé de mandibules, plus ou moins nombreuses, mais jamais au-dessous de deux; la queue du mâle est fournie d'un appendice fourchu.

Les couleurs brillantes de cette mouche sont très variées; les unes offrent le vert, d'autres le bleu, le cramoisi, le blanc, l'écarlate, quelquefois toutes ces couleurs se trouvent fondues dans un seul individu; les quatre ailes sont grosses et d'un tissu délicat. Les yeux sont très brillants. La grande mouche dragone a près de quatre pouces de long, et une épaisseur en proportion. Toutes les espèces de ce genre sont très rapides dans leurs mouvements, et d'une voracité excessive. Elles font la chasse aux autres insectes.

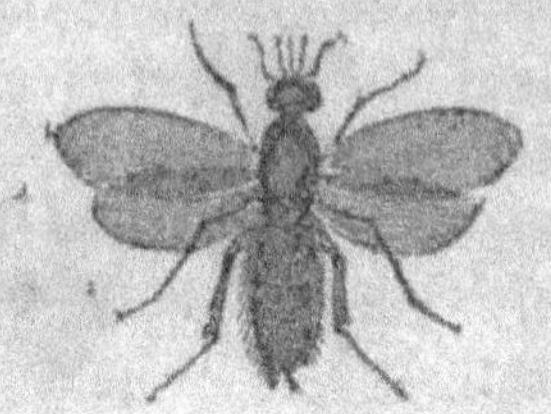

L'ABEILLE COMMUNE.

L'ABEILLE commune ou la mouche à miel appartient à l'ordre des hyménoptères. Cet insecte nous fournit deux grandes nécessités de la vie, la lumière et la nourriture; il ne travaille, à vrai dire, son miel et sa cire que pour ses propres besoins; l'industrie humaine a su faire de l'abeille un instrument de ses jouissances.

L'abeille est un petit insecte d'une couleur brune; elle a le corselet et le ventre couverts de poils; quatre ailes et six pattes ; les tarses sont également couverts de fortes soies. Chaque abeille est pourvue d'une sorte de trompe, fléchie en dessous, qu'elle peut étendre à volonté; c'est au moyen de cet instrument qu'elle prend sa nourriture, et qu'elle pompe le nectar des fleurs. L'expérience a prouvé qu'il n'y avait que la reine et les abeilles ouvrières qui eussent des aiguillons, et cette arme est peut-être aussi digne d'attention que tout ce qui concerne cet intéressant insecte. Cet appareil est formé de manière à blesser et à porter un poison dans la plaie; il pénètre la paume de la main à près d'une ligne de profondeur, à travers l'enveloppe la plus épaisse de la peau.

La population d'une ruche, dans certaines saisons de l'année, se compose de trois sortes d'individus, de mâles, de femelles et d'abeilles neutres ou mulets. Ces dernières sont connues de tout le monde ; elles sont les plus nombreuses de l'espèce ; la nature ne semble les avoir destinées qu'au travail ; tout le soin de la ruche repose sur elles : on les nomme à juste titre les abeilles ouvrières.

Ce n'est que pendant un mois ou deux de l'année, lorsque la ruche est avancée, qu'on y trouve des mâles ; ils n'en composent tout au plus que la dixième partie ; mais ils sont d'une grosseur supérieure. Pendant toute la saison, à l'exception de quelques jours, la ruche la plus nombreuse ne renferme qu'une seule femelle ; sa fécondité est si prodigieuse et sa famille se multiplie à un tel point, que la ruche la plus vaste est bientôt trop étroite pour la contenir.

Sa résidence est ordinairement dans l'intérieur des appartements de la ruche ; quand elle sort on la reconnaît aisément à la supériorité de sa taille ; elle est plus grande que les autres, mais elle n'est pas aussi grosse. D'après un grand nombre d'observations et d'expériences, il paraît que sa vie est plus précieuse que celle de toutes les autres abeilles ; elle est l'ame de toutes leurs opérations. S'il arrive à une ruche de perdre la reine, quelque nombreuses que soient

les abeilles, tous les travaux sont arrêtés ; la
discorde agite ses torches ; plus de discipline,
plus de partage dans les fonctions ; les rayons
sont abandonnés. Ces cellules dont la construction occupait du soir au matin des milliers d'ouvrières, restent à demi achevées ; la souveraine
n'est plus, les sujets se dispersent, leur zèle n'a
plus d'aliment, leur activité n'a plus de but ;
mais du moment que le trône n'est plus vacant,
tout rentre dans l'ordre, les travaux reprennent
leur première vigueur.

Cette reine, outre les soins du gouvernement,
est incessamment occupée ; ses fonctions consistent à produire pendant une grande partie de
l'année un nombre immense d'œufs qu'elle dépose, l'un après l'autre, dans les alvéoles vides.
On a ouvert une de ces abeilles reines, on lui a
trouvé plus de cinq mille œufs, tous assez gros
pour être discernés à la simple vue. Si nous
ajoutons ce nombre d'œufs à tous ceux dont elle
avait déjà peuplé les alvéoles, et à ceux qui n'é-
taient pas assez formés pour être reconnus, nous
ne trouverons rien de surprenant au nombre
prodigieux de sa famille.

Au bout de trois semaines, les jeunes abeilles
prennent des ailes : leur premier ouvrage, est de
détruire la cire qui bouchait l'entrée de leur
cellule.

Quand les abeilles commencent leurs travaux,
elles se divisent en quatre compagnies : l'une se
disperse dans les champs à la recherche des

matériaux, l'autre aligne le fond et les compartiments des cellules, une troisième est occupée à polir l'intérieur, la quatrième enfin apporte les provisions ou relève celles qui retournent chargées de leur précieux butin.

Quand les abeilles vivent en société, leur manière de reposer est assez singulière : elles se réunissent en groupe et demeurent suspendues l'une à l'autre par les pieds. Ces groupes sont souvent d'une longueur considérable.

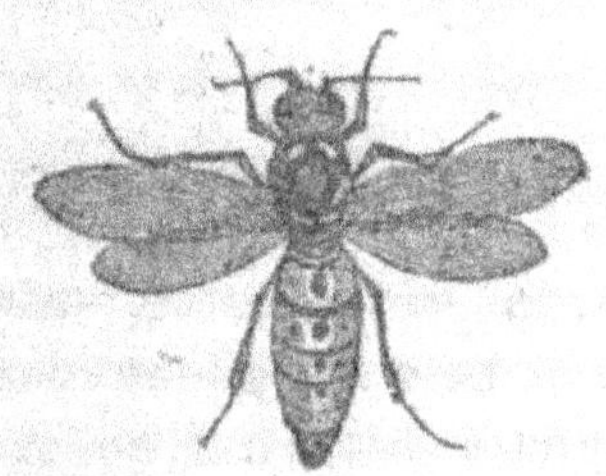

LA GUÊPE.

CET insecte non moins connu que dommageable, a quelques rapports avec l'abeille ; mais il en diffère sous beaucoup de considérations. De même que chez les abeilles, on distingue parmi les guêpes trois sortes d'individus ; les neutres sont également celles qui sont chargées des plus grands travaux ; mais les femelles et les mâles ont aussi leur part.

Les guêpiers se trouvent ordinairement sous terre ; ils sont formés le plus souvent dans les trous abandonnés des taupes ; ils sont d'une

forme ronde de dix à quinze pouces de diamètre
et d'une construction remarquable.

La guêpe appartient aux insectes hyménoptères. Quant aux insectes diptères, il suffit, pour
connaître ce genre, de se rappeler la grande
mouche ou la mouche commune de la viande.

L'ARAIGNÉE COMMUNE..

CET insecte, de l'ordre aptère, comprend plusieurs espèces; mais toutes ont deux divisions
au corps: la partie de devant, qui comprend la
tête et la poitrine, est séparée de la partie postérieure ou du ventre, par un fil très mince qui
sert de point de communication de l'une à l'autre:
la partie de devant est couverte d'une écaille,
de même que les pattes qui tiennent à la poitrine ; la partie supérieure est cachée sous une
peau souple, parsemée de poils. Elles ont plusieurs yeux brillants et perçants autour de la
tête ; ces yeux sont quelquefois au nombre de
huit, plus souvent de dix ; deux sont placés en
arrière, deux en avant, et les autres de chaque
côté; de même que dans tous les insectes, ces
yeux sont immobiles et dépourvus de paupières;

mais cet organe est fortifié par une substance cornue, transparente, qui à la fois protége et étend la vue. Comme cet insecte ne trouve sa subsistance qu'au moyen de l'attention la plus vigilante, il a besoin de ce grand nombre d'yeux pour épier et surprendre sa légère proie.

Elles ont toutes huit pattes, réunies comme celles de l'écrevisse de mer. On sait qu'elles sont incessamment occupées à filer leur toile; cette occupation est en même temps l'unique soutien de leur existence.

La femelle pond six ou sept cents œufs dans une loge qu'elle fait à cet effet, et qu'elle garnit du duvet qu'elle s'arrache elle-même de la poitrine. Cette ponte a généralement lieu dans le mois d'août ou de septembre; les jeunes araignées sont écloses au bout d'une quinzaine de jours.

LA GRANDE ARAIGNÉE D'AMÉRIQUE.

CETTE araignée est une des plus grosses du genre; elle a le dos épais, creux sur les côtés, et fendu transversalement au milieu, comme s'il y avait une crevasse dans cet endroit; la tête est petite, et difficilement distinguée du corselet; la bouche est fournie de dents brunes et crochues, le corps est gros et rond, divisé en deux. A l'exception du dos, tout le corps et les pattes sont couverts d'un long poil touffu; les extrémités des pattes sont lisses et larges, à peu près comme celles du chien.

Cette hideuse espèce d'araignée se nourrit principalement de petits oiseaux ; elles les mettent en pièces, s'abreuvent de leur sang, et sucent leurs œufs.

L'ARAIGNÉE DE BARBARIE.

CETTE espèce a la grosseur du pouce de l'homme ; elle appartient à la Barbarie; elle se tient dans les haies et les buissons ; sa toile a de grosses mailles; elle réside au centre, et tend ses piéges aux grosses mouches, aux guépes, aux bourdons, et même aux locustes; l'animal qui se trouve pris est aussitôt mis à mort. Quand l'araignée a faim, elle dévore ses victimes en entier ; le plus souvent elle en conserve les restes sous quelques feuilles voisines, qu'elle couvre d'une sorte de toile, et d'une matière glaireuse blanche. Ses magasins sont souvent munis d'amples provisions. Le nid est de la grosseur d'un œuf de poule, divisé horizontalement, et suspendu par les fils de l'insecte. Ces fils sont d'un blanc argenté, et plus solides que la soie. L'araignée porte ses œufs dans une petite poche au-dessous du ventre : les jeunes éclosent dans cette enceinte, et partagent la toile de la mère; mais lorsqu'ils ont pris leur développement, ils deviennent ennemis mortels.

Ces insectes ne se rencontrent jamais sans s'attaquer avec furie; leur bataille ne se termine qu'après la mort des plus faibles, et le cadavre du vaincu est emporté dans le magasin.

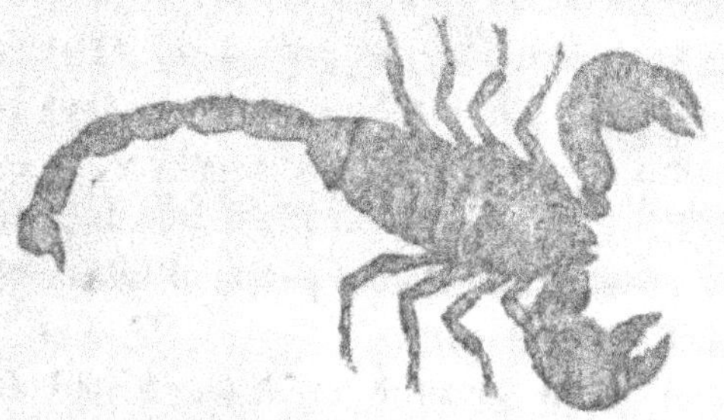

LE SCORPION.

Les scorpions ont le corps allongé et terminé par une queue longue, composée de six nœuds, et armée d'un dard aigu et crochu, qui communique un poison très actif; les pieds palpés sont en forme de serres, avec une pince au bout; les peignes, situés près de la naissance du ventre, sont composés d'une pièce principale, garnie le long de son côté inférieur d'une suite de petites lames, réunies avec elle par une articulation, et imitant des dents de peigne. Leur nombre est plus ou moins considérable. Tous les tarses sont semblables, de trois articles, avec deux crochets au bout du dernier. Ils ont six à huit yeux.

Il y a environ neuf espèces différentes de cet insecte dangereux, qui ne diffèrent entre elles que par leurs couleurs; il y a des scorpions jaunes, bruns, cendrés, couleur de feu, verts, noirs, d'un jaune pâle, blancs, gris ou de couleur claire; ils sont communs dans les deux mondes, et excessivement courageux et vigilants; loin de s'enfuir à l'approche de l'ennemi, ils prennent une attitude de défi, dressent leur queue, roidissent leur aiguillon, se préparent à l'attaque, et ne quittent jamais le terrain; il faut qu'ils meurent ou que l'adversaire se retire.

On distingue facilement les mâles des femelles; les premiers sont plus petits et moins velus. La femelle est vivipare.

En Italie, en Espagne et dans le sud de la France, ils atteignent souvent une grosseur de près de trois pouces, et sont regardés comme la plus grande peste qui infeste le séjour de l'homme ; mais la grosseur et la méchanceté des scorpions d'Europe n'est rien en comparaison des monstres de même nom qui désolent l'Afrique. Le long de la Côte-d'or, on trouve des scorpions plus grands que l'écrevisse de mer, et armés d'un aiguillon formidable. D'après le langage de l'Écriture, nous voyons que dans l'Orient ces animaux ont long-temps été redoutables à l'homme.

Dans la Batavie, ils ont quelquefois plus de dix pouces de long, et sont d'autant plus dangereux qu'ils se tiennent cachés derrière les provisions, et trouvent par là souvent occasion d'exercer le venin de leurs aiguillons.

L'ESCARGOT.

Les vers, suivant le système de Linnée, se divisent en cinq ordres. Ils sont intestinaux, mollusques, testacés, zoophites ou animalcules. Les testacés se sous-divisent en trois classes : multivalves, bivalves et univalves; c'est aux individus de cette dernière section qu'appartient l'escargot.

Au premier abord, l'escargot ne semble qu'un gros amas de matière inactive, surchargée d'une enveloppe crustacée et entièrement insensible à ce qui l'environne; mais à un examen plus sévère on retrouve dans l'escargot la possession de toutes les facultés nécessaires au soutien de sa vie.

Leur taille n'est pas moins variée que les contrées et les places qu'ils choisissent pour leur demeure; ils remplissent toutes les gradations intermédiaires depuis la grosseur d'un œuf jusqu'à celle d'un grain de millet; mais quelle que soit la grosseur, ils offrent les couleurs de l'arc-en-ciel avec le poli du marbre et de l'ivoire. L'escargot a quatre yeux, un à l'extrémité de chaque corne; il peut les avancer ou rentrer à volonté.

Les œufs sont ronds, blancs et couverts d'une tendre écaille; ils sont collés ensemble par une sorte de glu, et ressemblent à une grappe. En sortant de l'œuf, l'animal a le dos couvert d'une petite écaille; elle s'élargit bientôt, et les cercles croissent à mesure que l'animal se développe.

Les escargots des jardins n'ont jamais plus de quatre cercles et demi, ceux de la mer en ont plus de dix.

Ils ne vivent que de feuilles des plantes et des arbres, et sont très délicats dans le choix de leurs aliments. Ils causent de très grands dégâts; aussi a-t-on recours à plusieurs moyens plus ou moins heureux pour les détruire.

MADRÉPORE et CORAIL.

Nous ne citerons parmi les zoophites que les madrépores et le corail. Ces petits insectes forment des îles d'une étendue immense dans l'Océan méridional. Une grande partie des côtes de la Nouvelle-Hollande sont garnies de bancs qu'ils ont construits et qui du fond de l'abîme, s'élèvent sur la surface: ce sont les madrépores qui forment ces étonnantes constructions. Le corail se trouve ordinairement dans la Méditerranée; le plus précieux est celui qui nous vient de l'Orient: il est plus gros et d'une substance plus compacte.

TABLE ALPHABÉTIQUE.

FIN DE LA TABLE.